逆　商

陌漠　著

图书在版编目（CIP）数据

逆商/ 陌漠著. -- 长春 : 吉林文史出版社,
2019.3（2023.8 重印）

ISBN 978-7-5472-6156-9

Ⅰ. ①逆… Ⅱ. ①陌… Ⅲ. ①成功心理－通俗读物
Ⅳ. ①B848.4-49

中国版本图书馆CIP数据核字(2019)第088454号

逆　商

出 版 人　张　强
著　　者　陌　漠
责任编辑　陈春燕
封面设计　韩海静
出版发行　吉林文史出版社
地　　址　长春市福祉大路出版集团 A 座
印　　刷　德富泰（唐山）印务有限公司
版　　次　2019 年 3 月第 1 版
印　　次　2023 年 8 月第 2 次印刷
开　　本　880mm × 1230mm　1 / 32
字　　数　140 千字
印　　张　7
书　　号　ISBN 978-7-5472-6156-9
定　　价　38.00 元

前　言

“人生不如意者十之八九”，这句话我们耳熟能详。每个人都有自己的机遇和福分，也会遭遇自己的坎坷和波折，其中不同的人面对同样的困境，表现截然不同：有人活得风生水起，有人变得郁郁不振；有人稳步前进，有人节节败退；有人将荒野之地扭转乾坤，有人如迷途羔羊任人宰割……

为什么在大环境都差不多的情况下，不同的人会有截然不同的命运。以前，我们大多信奉“智商”和“情商”。然而，一些优秀的人明明智商与情商都较高，但当遭遇挫折、困难等逆境时，他们往往也会扛不住，要么行为失态，发挥不正常，屡出错招；要么精神崩溃，轻易认输，放弃目标。

成大事者，“逆商”比“智商”和“情商”更重要。

“衡量一个人成功的标志，不是看他登到顶峰的高度，而是看他跌到谷底的反弹力。”这是第二次世界大战美国名将巴顿将军说过的一句名言。

所谓“逆商”，是人们面对逆境时，承受挫折、迎接挑战、克服困难的能力。纵观古今，不幸的遭遇未必导致不幸的人生，而恰恰是那些能在不幸中努力奋争、百折不挠、最终崛起的人，往往能成为真正的、长久的成功者。更准确地说，一个人逆境生存的能力在哪一层，最终过得便是哪一层的生活。

谁都希望自己走得顺风顺水，但这永远只是一个美好的愿望。人生道路上既有坦途，又有险路；既有美景，又有陷阱，好坏各半才是我们的人生……如果你被一种郁郁不得志的不甘困扰着，如果你渴望扭转命运，实现人生跃迁，那么就从今天开始，提高你的逆商，让自己进化成为更强者。

逆商不是天生的，可以通过后天的训练来提升。在本书中，逆商会告诉我们，如何客观地认识使自己陷入逆境的起因，并采取有效行动；面对种种困难或挑战时，我们应该持积极态度；在不顺利或不公平的处境中，承受着被否定、被嘲笑等带来的身心压力，我们该如何绝地反击……

美剧《This is us》里面有一句话："你要学会如何将生活赠予你的最酸涩的柠檬，酿成一杯可口的柠檬汁。"

现实生活就是这样，充满了无奈与艰辛。但请你一定要坚信，眼前的苦难真的不算什么，熬过去，就是光辉灿烂的前程。人都是在一次一次的挫折和失败中逐渐成长起来的，只要不停向前，艰难总会过去。而你的高逆商，将为你在追求理想的路上保驾护航，让你活成想要的模样。

那些不能杀死你的，终将会让你变得更强大。愿我们每个人都能重视并培养自己的逆商，成为人生长跑中笑到最后的那个人。

目　录

辑一
每一个开悟的人，都有一个哭过的曾经

就像污泥对莲花而言，并不是诅咒，而是祝福；就像茧对蝴蝶而言，并不是阻力，而是助力。高逆商的人对人生境遇始终怀有信心，因为他们懂得没有那些痛彻心扉的过往，没有那些年的负重前行，便不会有日后的岁月静好，人生便也不会如此饱满而厚重。

01.谁不是一面舔舐伤口，一面含泪奔跑

在行走的路途中，没有谁完完全全是命运的宠儿，在为自己的理想和目标奋斗的过程中，很多人都经历过刻骨铭心的伤痛。这些伤痛或许是一段情感的破裂，或许是接近成功顶峰时的无意跌落，或许只是无意中错过了自己喜爱明星的演唱会……

受伤的时候疗伤就行了，时间早晚会抹平一切，即便当时你痛彻心扉，但一段时日后你会发现，它在你的生活中会慢慢淡化。不过，前提是你具备强大的逆商，懂得怎样去疗伤。在众多方法中，伤而不言是值得一试的。虽然很多人更习惯于发泄，但这种方式并不可取，每次倾诉、回忆伤痛的时候，其实无异于一次次地撕掉了结痂的部分，这样一来伤痛永远不可能痊愈；但若是你将这种痛苦藏匿于心底，选择慢慢淡化，或许一开始不那么容易，但日子久了它自然会分解、消失。

一个经常沉浸在自己的悲伤中，总是茫茫然感受不到快乐的人，他的人生必定是黯然无光的。自伤自怜会让人无心去注意身边的美好，会让人无法享受愉快的生活。自伤自怜像一片泥潭，让人泥足深陷，难以自拔。总是在悲伤的人，又怎么会注意人生中的阳光，又怎么会让阳光来照亮自己的人生呢？

唐婉是一个一出生就双目失明的孩子，她的世界里永远都只是无边的黑暗。唯一能让唐婉感受到的就是音乐，音乐仿佛就是她的

生命一般。但不幸的是，在一次意外中，唐婉的世界，甚至连声音也失去了。

然而，没有色彩、没有声音的世界并没有让唐婉陷于自伤自怜之中。她开始用盲文写作、谱曲，把自己对家人的感恩、自己对这个世界丰富的想象记录下来。虽然遭受了一连串的打击，但整个家庭因唐婉的乐观开朗而充满着幸福的笑声。

唐婉的遭遇是惹人同情、令人惋惜的，但是她并没有被苦痛控制住。在她看来，人生已经如此不幸，若是自己的心灵对未来都失去了向往，那么人生就真的黯然无光了。因此，她选择了面向阳光，让自己的未来光彩绽放。

人生在世，遇到伤害是在所难免的，但这并不能决定我们一生的色调。谁没有遇到过苦痛？关键在于你是将它交给时间还是交给心灵。苦痛是心灵难以承受之重，它会腐蚀我们的心灵，进而控制我们的情绪。但若是你将它交给时间去处理，选择慢慢淡忘，那么终有一天你会发现，苦痛只是久远的记忆。

学会用逆商去化解伤痛，你才能大方地与过去的自己握手。若是不懂这一点，伤痛带给我们的伤害往往是我们无法承受的。

一位美国科学家曾经进行了一项非常有趣的实验：在实验中，这位科学家把人呼出的气体注入一种液体之中，观察不同情绪下人呼出的气体对这种液体的影响。经过运用特殊的测量手段后发现：当一个人心情平静的时候，这种液体没有明显的变化；而伤心的时候，则会产生白色沉淀；最严重的是一个人生气的时候，液体就会变得很浑浊。他进一步实验发现，人生气时所产生的分泌物在某种情况下甚至可以毒死一只老鼠。

据此，他根据自己的研究计算出：一个人如果生10分钟的气，所消耗的体能一点儿也不亚于做一个3千米的长跑运动。科学家得出这样的结论：一个人一生的寿命中，有很大程度上不是老死的，而是被气死的。所以，我们不能让怒气待在心中太久，应该想办法把它们以一种无损的方式发泄出来。

所谓“无损发泄”，是指一个人在释放消极情绪时，所采取的行为既不会对自己，也不会对社会和他人造成伤害。

一般来说，人的消极情绪主要有两种发泄方式，即消极发泄和无损发泄。消极发泄是一种有损性发泄，这种发泄具有一定的破坏性，有可能对自己或者他人、社会造成不应有的伤害和影响；而无损发泄则是一种积极发泄，它是通过积极主动的方式，将心中积聚已久的失落和压抑情绪进行及时的疏导排泄，从而使心理处于平衡状态。从本质上看，无损发泄是在理性支配下的发泄，也是一种高逆商的发泄。

很多艺术家的脾气都很大，著名指挥家托斯卡尼尼也不例外。他经常会为了一点点小毛病而暴跳咆哮，有时候甚至把乐谱丢进垃圾桶，这让周围的人非常不习惯。

有一次，他在指挥乐团演奏一位意大利作曲家的新作时，乐队整体表现得并不尽如人意。这使得托斯卡尼尼非常生气，他整个脸孔涨得通红，举起乐谱就要把乐谱扔出去。

但是，托斯卡尼尼举起手后，又缓缓放下了。这份乐谱一旦扔掉以后，所造成的损失将是无法挽回的。因为他知道那是全美国唯一的一份“总谱”，假如被毁损了，麻烦就大了。关键时刻，托斯卡尼尼理智地把乐谱好好地放回谱架，再继续咆哮。

或许在不同的时刻，人与人之间受到的伤害是相同的，但是表现结果却各不相同。在生活中，无损发泄就是你是否能对所处情境做出正确的判断，并选择一种无害于自己也无害于他人的方法来，托斯卡尼尼放弃扔乐谱而选择咆哮就是其中一种。正如培根所说：“无论你怎样地表示愤怒，都不要做出任何无法挽回的事来。”

这世上没有一马平川的生活，最好的际遇不是不受伤，而是带着伤口依然愿意全力奔跑。是时候培养你的逆商了，受伤了，愤怒了，就选择理智的方式发泄出来，不要放纵消极情绪，更不要停下前进的脚步。相信自己，相信时间，一切都会好起来，总有一天，你能与往事干杯，与伤痛讲和。

02.不遗憾，向前行，不蹉跎

人生一世，花开一季，谁都希望自己所做的每一件事都是正确的，一步步地实现自己预期的目标，人生了无遗憾。然而，这只是一种幻想，人非圣贤，孰能无过？令人后悔的事情在生活中经常出现。失败的人最愿意谈论的事情就是想当初，因为这样可以让人觉得他是那么近距离接触幸福。事实上，这种人没有认识到，对于他来说，最大的遗憾就是一直把遗憾挂在嘴边。

不可否认，遗憾是我们生活的一部分，但不同的人对遗憾有着不同的处理方式。低逆商的人往往因为遗憾而懊恼，并且始终将过往的遗憾挂在嘴边，将其看作人生的缺口，对人生也不会有太大的憧憬；高逆商的人则选择将遗憾看作财富，从中找到闪光点，进而踩着过去的影子一步步走向未来。

有这样一个故事，一位爱好武术的少年因为一次意外事故丧失了左臂。虽然他依然渴望着练习武术，但是几乎所有的教练都不愿意教他，因为没有左臂的人练武几乎是痴人说梦。

这个少年就一直找，希望能够找到一个愿意教他的教练。直到有一天，他遇到一名很少收徒弟的教练，教练见他心意很诚，决定收他为徒。除了基本功之外，他的教练只教他一个动作，并且让他每天都重复训练这一个动作。

少年很不理解，就问教练什么时候才能让他学习新的动作。

教练只是微笑着说："你先努力把这个动作练好。"

直到有一天，教练告诉他要出去比赛，少年有些发愣："可是我只会这一个动作呀。"

教练说："没事，你就用这一招就行。"

在比赛中，少年就使用这一招连连过关，最终赢得了冠军。

他疑惑不解，就跑过去问教练其中的缘由。教练回答道："因为你的对手如果要破你这招动作，唯一的办法就是紧紧抓住你的左臂。"

身体上的遗憾，对于少年来讲是已经存在的现实状态，再怎么抱怨，再怎么弥补，也无济于事。最终出人意料的，他居然凭着这一遗憾夺得了冠军。我们可以说，这是教练懂得因材施教，但是教练这样做的前提就是少年敢于正视这种遗憾，敢于坚持将这种遗憾变成财富。

遗憾往往是不可挽回的，其实所有人都知道这个道理，但不是所有人都能正确地对待这件事。所以，幸福和美好的时光就在对遗憾的念念不忘中过去了，而你却沉浸其中而不自知。

在一次大学同学的聚会上，大家都喝了很多酒。

借着酒意，一个女孩对男孩说："你知道吗？其实在上大学的时候我就特别喜欢你。"

男孩一愣，他接着说："其实我也很喜欢你，但是一直也没有说。"

"那你为什么不说呢？"

"你那时那么优秀，那么可爱，我想等你长大。"

"那你为什么不陪我长大呢？"

当时男孩就泪如雨下，因为这个女孩已经准备结婚了。

错过是一种遗憾，但是没有说出更是一种遗憾。生活不是电视剧，可以预知其中的结局。现实就是如此，如果不尽快采取行动，就会错过很多，留下无尽的遗憾。很多事情在懂得珍惜以后，却往往成了往事。人生就是一列单行的列车，没有人能在时光逝去之后从头再来。对于已经经历过的遗憾，努力向前，将遗憾化作前行的动力，这是调节心绪的法则，也是成事的重要法则。

大卫王非常宠爱他的儿子，希望儿子日后能成为自己的继承人。然而，不知何故，小王子突然身患绝症，无药可医。为此，大卫王开始禁食，无论臣仆们如何劝告，他都不肯吃饭，一直跪在地上，希望上天能够感受到他的虔诚。可是，他所做的一切还是没能打动神灵，小王子最终还是死去了。

大卫王的臣仆们害怕他忧伤，一直不敢把这个消息告诉他。但大卫王看到他们彼此低声说话，便猜到小王子死了。于是他问臣仆：“孩子死了吗？”

臣仆们回答：“死了！”

这时，大卫王突然从地上站了起来，沐浴后更换了新衣，敬拜完天神，便吩咐仆人摆上饭菜，大吃了起来。臣仆们觉得不可思议，便问大卫王：“王子活着的时候，您不肯吃饭，终日哭泣。如今，孩子死了，您一点儿也不难过吗？”

大卫王说：“孩子活着的时候，我希望能够用禁食的方法感动天神，希望他们能够救救我的孩子。可现在，孩子死了，永远地离开了我，我再禁食、悲伤又有什么用呢？”

大卫王的孩子已经离开了人世，就算他继续折磨自己也是枉然。

尽人事，听天命，既然当初已经努力过了，即便结果不如人所愿，也没有理由感到遗憾，没有必要后悔。后悔无法改变现实，它只能消弭未来的美好，给未来的生活增添阴霾。

这个故事给了我们一个忠告：无论过去曾做过什么蠢事，那都已经过去，你应该向前看，而不是为打翻的牛奶哭泣。

如果你为错过了太阳而流泪，那么你也会错过繁星。漫长的人生路上有太多不可预知的因素，有些东西人们能够通过自身的努力，或改变一定的条件将其转化，如生活条件、学历、婚恋等；但也有一些是无法改变的既定事实，如自己的出身、与生俱来的体貌特征，或是无论怎样努力也无法实现的人生目标，甚至是在争取之后也没能达成的愿望……面对这些无法改变，或是已经发生的情况，人们应该向前一步，用未来的辉煌弥补今天的遗憾，而不是让后悔和心伤无休止地折磨自己。

有一个词语叫作“覆水难收”。人生中很多的遗憾就像一个破碎的花瓶，无论采取什么样的补救措施，都无法改变它已经破碎的事实。人生之路是不可逆转的，当一个人不再为过去发生的事情而后悔，不再因为过去的遗憾而痛苦的时候，那么，他将会得到整个人生的快乐和满足。

03.熬得住，出众；熬不住，出局

世上有一种植物叫作普雅花，生长在南美洲安第斯高原海拔4000多米人迹罕至的地方。它的花期只有短短的两个月，花开时却美艳至极，花谢时也是极尽荒凉，整个花株都会随之枯萎。可是，很少有人知道，为了这短短两个月的花期，普雅花要等上整整一百年。

用一百年的时间，等待短短两个月的绽放，值得吗？普雅花从未思考过这个问题，它只是静静地伫立在高原上，默默地吸收阳光的能量，默默地汲取大地的养料，努力营造自己的那一次绽放。它等待了一百年，用百年一次的花开证明自己生命的美丽与价值。

我们的生活也经常需要等待，等待失散多年的亲人，等待杳无音讯的朋友，等待离家许久未曾归来的孩子，等待一个展示自己的机会，等待一份让自己怦然心动的爱情……说实话，等待是一种无奈的选择，是一种痛苦的煎熬，等待的路是一条艰辛、漫长而又曲折的路，是一条无尽无休的路。

等待的不可知性，让我们焦急又无奈，同时又是对我们的一种考验。等待，就好比一部开放性结尾的小说，作者是自己，但结局却不由自己决定。你只是完成它，结局可能在我们的设想之中，也可能在设想之外。很多人的苦等，终究还是竹篮打水一场空。这种等待，恐怕是最难以让人接受的。

王宝钏寒窑苦等远征的丈夫18年，这个故事早已为人们耳熟能详。试问：一个女人有几个18年？王宝钏在人生最美好的光阴里，忍饥挨饿，挖野菜度日，没有物质享受，更没有精神愉悦，生活可谓是毫无乐趣。可她尝尽了世间的万般苦难后，换来的却是刻骨铭心的伤害。

王宝钏的丈夫从军后被敌人俘虏，后又被招为驸马，就此过上了幸福的生活。一个男人毕生追求的东西他都拥有了，可在家乡苦苦等待他的妻子，却衣不蔽体，食不果腹，以为自己找到了终身的依靠，却误了终生。他确实成了气候，但不属于她；她牺牲了自己，可这种伟大却成了浪费。

整整18年之后，薛平贵回来了，与王宝钏夫妻相认，她与代战公主共事一夫。可惜，18天后，王宝钏死了，她没能让这种“美满”进行得长久。

在很多人眼中，王宝钏是愚蠢的，因为她一直在等待一个不值得她等待的人，因为这样，她荒废了女人最宝贵的青春。王宝钏的等待是对是错，无论你如何看，都是你的眼光，只有当事人才能说清楚自己的等待是否有价值。就像昙花一现一般，等待良久，为的并不仅是一个结果，而是生存的意义。王宝钏用她的一生证明了爱情，印证了爱情，谁又能说她的等待是愚蠢的呢？

等待，是一个人一生中不可或缺的过程。

在现实生活中，我们常常会遇见这样一种情况，在一个站台等公交车的时候会出现某一辆公交车迟迟不来的情况，一些人会选择坐上另一条路程更远的车，或者是宁愿花很长时间来倒车；在等电梯的时候，一些人会因为等电梯的人太多或者电梯迟迟不来而选择走楼梯上高层。可结果呢？等车的人往往在到达目的地时发现自己绕了一个很大的弯，先前所等的那辆车已经提前到达多时；不愿等电梯的人在气喘吁吁地到达自己所要到的楼层时发现，电梯已经上下运行好几次了。

这是生活中司空见惯的现象，其实也可以总结出一些道理：当遇到无法抵抗的坏事情的时候，静静等候机会比横冲直撞地寻找路径要有用得多。在“等不及”这样一个紧箍咒的摧残下，很多人在慌不择路中做出了错误的选择，当信心和耐心被逐渐消磨的时候，距离最后的目的地往往是越来越远。

有一个年轻人和女朋友约好了时间在某个地方约会，他很早就到达了指定的地点，可是他又没有等待的耐心，见女朋友没有到来，他开始逐渐变得烦躁不安，甚至有些气急败坏。在百无聊赖的时候，他开始抱怨自己的女朋友为什么不能像他一样早来，开始抱怨在今天选择约会是多么失败。

就在这个时候，来了一位老者，“我知道你在此抱怨的理由，”老者接着说，“只要你戴上这块表，当你遇到不愿意等待的事情时，你就将时针转动一下，这样你就可以跳过当时的时间，想要跳过多久都行。”

年轻人听到这里异常开心，在表示感谢后，他欣然接受了这个神奇的礼物。在老者走后，年轻人试着将时针向前拨动了几个小时，果然他期待中的女友就出现了。见到有实际的效果，年轻人十分开心，心想：要是现在能和女友结婚多好啊！于是他继续转动时针，眼前出现的是他与女友一起在婚礼上的场景。接下来，年轻人在飞快地转动中看到了豪华的别墅、名贵的跑车、奢侈的食物……年轻人一圈又一圈地向前透支着自己的生命，到了最后，他发现自己老了，疾病缠身，唯一的等待便是他即将面临死亡的现实。

此时的年轻人非常懊恼，他悔恨自己就这样匆忙地走完了自己的一生。万念俱灰的他试着将钟表的指针向回调了一下，奇迹出现了。他突然之间回到了最开始的时间，回到了女友还没有来的状态。此时，年轻人的焦虑和不安消失了，他开始心平气和地看着眼前蔚蓝的天空，开始看着周围富有生机的一切，阳光很好，风很柔和，甚至发现爬到他身边的甲虫都是可爱至极的。

未知的等待是一个漫长的过程，看不到时间，看不清即将到来的是什么，这个过程其实就是对人的一种磨炼，是对一个人意志的考验。逆商低的人不愿意静心等待，他们往往表现得比较烦躁，等得焦灼，等得心慌，无法享受到生命的乐趣，当然也就没有足够的耐心等待成功的到来。

如果说生命是一个过程，非常悲哀的事情就是一切不能够重来，最可喜的事情就是它不需要重新再来。在等待的时间里，走过的地方是永远不会再回头的。正是明白这一点，在这段等待的时间里，那些高逆商的人会以平和的心态，自己与自己对话，丰富自己的生活，理智真实，淡然明净。

如此这般，等待的过程与结果都不能够动摇你强大的内心。所有你想要的都值得花时间去等待，就算你没有等到，也变成了最好的自己。

04.得之我幸，不得我命，如此而已

徐志摩说：“得之我幸，不得我命，如此而已。”这不是悲观处世，而是一种宠辱不惊的淡然。人生就是如此，有得到也会有失去，命运自有安排。那些得不到的，终其一生也不能得到；那些本该属于我们的，不去追也会到我们的手中；那些注定失去的，就算双手握得再紧，还是会消失……

虽然道理人人都懂，但不是人人都能对这些释然。许多时候我们会因为一点儿小小的挫折心灰意冷，因为生活上一点儿小小的不如意就指天骂地，仿佛自己是全世界最不幸、最可怜的人。结果呢？无论你是否接受，一切都不可能改变。正因如此，高逆商的人会接受这一切，淡然地看待世事变迁。

一匹战马在战场上救了士兵，士兵为了感激它，为它换了一套新的马具，并给它佩戴了红花，带领它到马场上绕行，让所有的马都向它致敬。这时候一匹小马带着敬畏的眼光对它说：“你真伟大，真让人羡慕！”那匹战马淡淡地说：“没什么好羡慕的，我所做的一切都是分内之事。”

两个月后，这匹战马在战场上受了重伤，由于无法医治，它被送进了屠宰场。在进屠宰场时，它又遇见了之前的那匹小马。这一次，小马幸灾乐祸地说：“没想到曾经风光无限的你，如今却落得这样的下场……”

面对小马的冷嘲热讽，受伤的战马依旧淡淡地说："没有什么可悲伤的，早晚都要走这一步，我只不过是提前走了而已。"说完，它平静地走进了屠宰场。

战马在立下战功后，迎来了无比辉煌的时刻；而当它负伤无法医治时，又被无情地送进了屠宰场。面对这一切，小马作为旁观者，时而羡慕，时而在一旁冷嘲热讽，而战马却始终保持着最初的那份从容，得意的时候没有骄傲，失意的时候也没有悲伤，这无不令人感动和敬畏。每个人都该拥有这样的逆商，用平常心去面对人生的荣辱，得而不喜，失而不忧，如此才能在起起伏伏的生活中安然，为自己赢得一个广阔的空间。

人的一生犹如簇簇繁花，既有火红耀眼之时，也有暗淡萧条之日。如果过分地在意"荣"，过分地计较"辱"，就会滋生烦恼和痛苦。事实上，无论是"荣"还是"辱"，终有一天会成为过去，唯有坦然视之，才不会让心情被荣辱左右。唯有随性而为，才能够在得失之间做到泰然自若。

亦舒在《天上所有的星》中写道："有得有失才是人生，切忌愤愤不平。"

留意观察就会发现，我们身边那些活得轻松惬意、幸福美满的人，往往都具有一个类似的特征，就是不在乎得失，他们遇事从容不迫，处理问题有条不紊。在他们看来，只要认真、专注、努力地去做就问心无愧了，得之淡然，失之坦然。这样的态度看重的是过程，而不是结果。

她是一位空姐。一次偶然的机会，她在飞机上认识了事业有成的他，两人一见钟情，很快就走进了婚姻的殿堂。新娘是漂亮的空姐，新郎是名利双收的年轻企业家，这样的组合实在完美。婚礼上，不知有多少女人羡慕她嫁了一位好男人，也不知有多少男人羡慕他娶了一位温柔而漂亮的妻子。面对女友们酸溜溜的调侃，她表现得很平静，因为她知道婚姻不是烟花，只为一时的绚烂。

婚后的她，尽管工作繁忙，但稍有空闲，她还是坚持做一个合格的妻子。她会为他煲汤，为他放好洗澡水，帮他洗衣服，打理文件，做好她该做的一切。结婚一周年纪念日，他送了她一辆车。面对这份厚礼，她的朋友和同事似乎比她更兴奋，而她的心思却不在礼物上，她知道其实他已经不再是从前的他了。因为工作原因，她不能经常陪伴在他身边，而他对她的新鲜感也逐渐丧失了。

结婚一年零三个月，她提出了离婚，这段曾经轰轰烈烈、浪漫纯粹的爱情就这样结束了。一些同事在背后窃窃私语，说她活该，她装作听不见；曾经对自己投来羡慕眼光的朋友也开始变得“聪明”，说她当初太鲁莽，不该轻信那个男人。面对流言蜚语和无情的打击，她依然坚强。她觉得，这场婚姻没有错，因为他们彼此爱过，只要他曾经给过自己一颗最真的心，那就够了。

是的，生活中有许多东西是可遇而不可求的，就像那一场邂逅的爱情。然而，谁也不能保证一段婚姻能够永远不出现意外。当生活出现意外，甚至要失去某种东西的时候，曾经的荣耀和美好顿时变成了失意和落寞。人生贵在体验，对于结果人们无须太过悲伤，淡然看待人生的安排，你才能体验最真实的人生。

人生中出现的一切都无法拥有，只能经历。一切的得与失、隐与显，都是风景与风情。

这是经历了万千风雨之后的大彻大悟，也是领略了人生的峰回路转之后的空灵，更是一种幽幽暗暗、反反复复追问之后的抉择。

05.不让自己的心坐牢，比什么都重要

爱与恨的对立，恩与仇的交错，最容易让人失去理智。于许多人而言，仇恨是痛苦的根源，是让痛苦更痛苦的毒药。它就像鸦片，一旦开始就欲罢不能，你感觉到了它的沉重，想甩掉，可是这个时候已经上瘾，直到再也承受不住。

《神雕侠侣》是一部经典的武侠巨著，杨过和小龙女神话般的爱情感动了众多人，而剧中最早出现的人物是杨过的师伯、小龙女的师姐李莫愁。李莫愁少女时代是一个温柔多情的女子，她倾心于无意闯入古墓的陆展元，并不顾男女之嫌为其疗伤。她本想与陆展元共浴爱河，却没想到陆展元移情别恋，娶了另一位女子为妻，于是李莫愁便怀恨在心，处心积虑地想为自己的情感讨回公道。

为了杀死负心汉以解心头之恨，李莫愁离开古墓，背叛师门，大开杀戒，恶毒残酷，杀人不眨眼。她不仅杀了陆展元全家，而且还杀害了很多无辜的人，双手沾满了鲜血。在别人眼里她就是一个“魔女”，谁见到她都会被吓得两腿发抖。最终，李莫愁在绝情谷中被万千情花刺中，跃进火海才得以解脱。

在仇恨面前，极少有人能够做到一笑泯恩仇。反观我们的生活，亲朋好友之间因为一句闲话而争得面红耳赤，形同陌路；邻里之间因为孩子打架而导致大人吵嘴，老死不相往来；夫妻之间因为琐事而同室操戈，劳燕分飞；父子之间因为考试、工作而意见不合，竟至横眉

冷对……

当仇恨占据内心的时候，恨不得对方永世不得翻身，但就算对方如你所想，又能如何呢？用大把的时间去改变别人的生活，意义何在？将自己困在仇恨的牢笼中，故步自封，不肯向前，付出大把的精力和时间，最终毁掉的只有自己的生活。为什么一定要将原本美好的生活用仇恨毁掉呢？

在古希腊神话里，有这样一则故事：

有一个威风凛凛的大力士名叫赫格利斯，他力大无穷，与对手作战从来都是所向披靡、无人能敌。他是何等踌躇满志、春风得意，感觉天下就没有人是他的对手了。有一天，他一个人行走在一条狭窄的山路上，突然，他险些被一个东西绊倒。他定睛一瞧，原来脚下躺着一只毫不起眼的袋囊。

他用力猛踢一脚，那只袋囊非但纹丝不动，反而气鼓鼓地膨胀起来。很久没有被人挑衅的赫格利斯恼怒了，挥起拳头又朝它狠狠地一击，但这只袋囊依然如故，仍迅速地胀大着。赫格利斯暴跳如雷，从身边拾取一根木棒朝它砸个不停。可是这只袋囊好像被施了诅咒一样，他越用力地敲打，袋囊胀得越大，最后将整个山道都堵得严严实实。

赫格利斯累得躺在地上，气喘吁吁，气急败坏却又无可奈何。不一会儿，一位智者走来，见此情景，困惑不解。赫格利斯懊丧地说："这个东西真可恶，存心跟我过不去，把我的路都给堵死了。"智者仔细观察了那只气鼓鼓的袋囊，平静地说："朋友，它的名字叫'仇恨袋'。当初如果你不理会它，或者干脆绕开它，它就不会跟你过不去，也不至于把你的路堵死了。"

英国哲学家培根曾这样论及报复："报复的目的无非只是为了同冒犯你的人扯平，然而有度量宽谅别人的冒犯，就使你比冒犯者的品质更好。"

长寿王仁政爱民，慈悲为怀，所以他的国家也风调雨顺，财富民丰。然而不承想却因此勾起了邻国贪王的野心，贪王准备出兵抢夺。长寿王不愿殃及无辜百姓，便决定舍弃王位，与儿子长生一起遁隐山林。贪王占领了长寿王的国土后，欲壑难填，仇意肆起，下令追捕长寿王父子。长寿王在一次敌我力量悬殊的偷袭中，为了保护儿子而不幸被捕。

临死前，长寿王看到自己的儿子混杂在人群中，满怀仇恨地盯着贪王，便大声说："希望我的儿子能以仁为诫，以德报怨，不要为我报仇。"虽然听到了父亲的遗言，但满腔怒火的王子一心只想着报仇。于是他千方百计地得到了贪王的赏识，进而成为贪王的贴身侍卫。

在一次伴随贪王出行的途中，长生刻意让贪王远离随从，在山林间迷了路。筋疲力尽的贪王躺下来休息，在其熟睡之际，长生正准备动手杀了他，但忽然想起父亲的遗言，便犹豫不决起来。最终，长生决定尊奉父亲的遗言，原谅贪王。同时，主动向贪王表明了自己的真实身份，并说："你杀了我吧，免得我报仇的念头又死灰复燃。"

震惊的贪王被长寿王父子的宽容和仁慈所感动，当下幡然醒悟，于是将国土归还给了长生，两国从此结为兄弟之邦。贪王自己也一改残暴，像长寿王一样善待人民、体恤疾苦了。

宽容是一种高逆商的表现，逆商越高，心越宽容。就像《宽容之心》中所写："一只脚踩扁了紫罗兰，紫罗兰却把香味留在了那只脚跟上，这就是宽恕。”

的确，心怀宽容，尤其是面对仇恨时仍能容纳对方，是让人肃然起敬的。一个宽容别人的人，也会因为自己的生活中不再充满仇恨而得到心灵的释放。

恰在这一点上，南非前总统曼德拉要比许多人聪明得多。

曼德拉是南非的民族英雄，在被白人政府关押了27年之后出狱。1994年5月9日，曼德拉正式被国会选为总统，在宣誓就任总统的典礼上，他邀请了曾经看守他的3名狱警作为客人来参加典礼，并亲自向他们致敬！此时，整个现场都鸦雀无声。毫无疑问，曼德拉的这一举动把人们惊呆了！因为谁都知道，这3名狱警在狱中不仅没有友好地对待他、照顾他，甚至还曾经想方设法地虐待过他。

这一切，难道曼德拉都不记得了吗？在大家迷惑不解的目光中，这个饱经沧桑的老人发出了这样的感慨：“当我走出囚室，迈过通往自由的监狱大门时，我已经清楚，如果自己不能把仇恨留在身后，那么我其实仍在狱中，生命将永远得不到解脱。别让自己的心坐牢，这比什么都重要。”

曼德拉这一句深深的感慨，值得我们深思。

世界上最宽阔的是海洋，比海洋更宽阔的是天空，比天空更宽阔的是人的胸怀。宽恕就是这样一种强大的逆商，它能够化解世界上最顽固的敌意和最强烈的仇恨。

世界上只有一种人能够做到没有永远的敌人，那就是懂得宽恕之道的人。

宽容是对自己的解放，不要让自己的心坐牢，才算是真正的自由。

06.别埋怨别人让你失望，其实是你还不够好

在现实生活中，夫妻之间、朋友之间、同事之间难免磕磕碰碰，产生一些隔阂和矛盾。在矛盾产生时，很多人常常只会抱怨、指责他人的错误，而不知道从自身找原因。

每个人的成长背景、受教育程度、所处环境及心境不同，所以对同一事物的认知也是不尽相同的。人与人之间之所以有太多的隔阂和争吵，一个很重要的原因就是一味地打自己的算盘，只会从自己的角度来看问题，只用自己的观点去揣度别人的世界，无怪乎彼此之间的心墙怎么也打不破。

最常见的例子就是：丈夫觉得自己在外挣钱，背负养家糊口的责任很辛苦，而妻子在家只是带带娃、做做家务，不用挣钱、没压力、很轻松；而妻子觉得自己日复一日在家做家务、带娃很辛苦，而出去上班挣钱才有意思。你不理解我，我不理解你，夫妻之间的吵闹就会难免。

一个年轻人与周围朋友的关系紧张，心情极度抑郁。后来，他去求教一位智者："怎样才能使自己快乐，也让别人快乐呢？"

智者回答："把自己当作别人，把别人当作自己，把别人当作别人，把自己当作自己。"

"把自己当作别人，把别人当作自己，把别人当作别人，把自己当作自己。"这里说的就是人与人之间应该相互体谅，能够体会他人

的情绪和想法，理解他人的立场和感受，并站在他人的角度思考和处理问题，这是一种换位思考。如此，人际关系必将少了争吵，多了理解；少了矛盾，多了和谐。

球王贝利是足球界人尽皆知的明星，但是他的成长也是经历了从懵懂到成熟的过程。贝利在很小的时候就显示出了非凡的足球天赋，随着了解贝利的人越来越多，许多认识或者不认识的人开始和贝利打招呼，还向他敬烟。像当时所有未成年的男孩子一样，贝利喜欢吸烟时那种“长大了”的感觉。

有一天，贝利在街上向人要烟时被父亲看见了。父亲的脸色很难看，他没有想到自己引以为傲的儿子竟然做出了这样的事情。小贝利低下头，不敢看父亲的眼睛，因为他害怕看到父亲失望的眼神。

父亲说：“我看见你抽烟了。”

贝利不敢回答父亲，一言不发。

父亲又说：“是我看错了吗？”

贝利盯着父亲的脚尖，小声说：“不，你没有。”

父亲问：“你学会抽烟多久了？”

贝利小声为自己辩解：“我只吸过几次，几天前才……”

父亲没有听贝利过多的解释，打断了他的话，说：“告诉我，香烟的味道好吗？我没抽过烟，不知道烟到底是什么味道。”

贝利喏喏地小声说：“我也不知道，其实感觉并不太好。”贝利说话的时候，突然绷紧了浑身的肌肉，手不由自主地往脸上捂去，因为他看到站在他眼前的父亲猛地抬起了手。按照贝利的想象，那将是一记响亮的耳光，但是父亲却顺势把他搂在了怀中。

父亲说：“你踢球有些天分，也许会成为一名高手，但如果你抽烟、喝酒，那就到此为止了。因为你将不能在90分钟内一直保持一个较高的水准，这事由你自己决定吧。”

父亲说完，打开他瘪瘪的钱包，拿出几张为数不多的皱巴巴的纸币，父亲对贝利说：“你如果真的想抽烟，还是自己买的好，总跟人家要，太丢人了，你一般买烟要多少钱？这些钱够吗？”

贝利深深地低下了头，为自己以前的行为感到了羞耻。从这件事情以后，他再也没有抽过烟。后来，贝利凭借着过人的天分和勤学苦练，终成一代球王。

未成年的儿子吸烟，对于任何父母来说，这都是不能容忍的事。贝利的父亲同样不能容忍，但是他没有用简单粗暴的方法制止儿子，因为他也经历过离经叛道的青年时代，知道孩子在这个阶段会做的一些事，他通过换位思考，选择了不会让儿子难堪的方式教育了儿子。而贝利呢？因为父亲的体谅，明白了父亲的良苦用心。

试想一下，如果只是站在父亲的角度呵斥儿子呢？显然，贝利已经意识到了自己的错误，但若是父亲没有体谅他，那么为了一时之气，他可能走的就是另一条路了。

卡耐基说：“与人相处能否成功，全看你能否以同情的心理，体谅和接受他人的观点。”

在人际生活中，换位思考的重要性是不言而喻的。人与人之间的交往，不仅需要坦诚相待，更需要换位思考，只有不断地换位思考，彼此之间才会懂得尊重。换位思考也是一种逆商，虽然你可能仍旧不同意对方的观点，但至少在对方看来，你曾为理解他而做出过努力，这就够了。

不要再去抱怨周围的人对你是否友善，也不要去想着利用自己的权势让人驯服。每个人都是一个独立的个体，遇到事情的时候，我们要能跳出以自我为中心的思维模式，试着从别人的角度和立场看问题，从对方的利益出发，多思考一下，假如我是他的话，我会怎么办，怎么想，怎么做?

当对方的所思、所想、所喜、所忌全都成了你的掌中之物，你就能化被动为主动，迅速赢得谅解与认同，从容应对各种嘈杂扰攘。虽然做到这一点不容易，需要很大的耐心和耐性，但为了使人际交往更加顺利，为了在社会上能站得住、能通达，换来左右逢源的人生活法，也是值得的!

07.打败情绪的人，抵过千军万马

每一个人都有情绪，但大多数人被情绪控制，而不是控制情绪。情绪像天气一样变化无常，一会儿沮丧，一会儿兴奋。情绪好时，能力源源不断地涌出，如登山顶；情绪差时，感觉身体处于瘫痪状态，如坠深谷。而衡量一个人逆商的强弱，关键就看他控制情绪能力的大小。

缺乏情绪自制力的人，太容易因为外在的变化而改变心态，陷于情绪的泥淖而无法自拔，似乎烦恼、压抑、失落甚至痛苦总是接二连三地袭来，轻者会影响到日常工作和生活的满意度，重者使人际关系受损，更甚者导致身心疾病的侵袭，生活一片黑暗。这样的人是情绪的“奴隶”，难以成就大业。

老高在自己的网络公司新开了一个项目，这个项目在前期需要投入很多资金，不仅需要他亲力亲为地监督项目的运作，还要求与此项目有关的人员在项目未完成期间不能请假。

新项目开展后，公司里很多员工都不得不在下班后继续加班。老高看到员工们这样任劳任怨，就得意地说，这叫战友情谊！

但是时间一长，就有员工开始抱怨了。

一天，负责此项目的小李在洗手间抱怨公司没人性，说老板不但不替员工考虑，还变相压榨员工。老高正好在洗手间外面，听到小李的抱怨后，顿时怒火中烧。他指着小李，大声呵斥道：“你领我的薪水，就要替我干活。如果不想干，可以交辞职报告！”

老高说的本是一时气话，谁知小李马上就递交了辞职书。

冷静后的老高想到，小李在此项目中有着举足轻重的作用，就有些后悔了。可惜木已成舟，怎么做也不能把小李留住，就这样，由于此项目中的负责人小李的离开，让老高在这个项目上付出了很大的代价。

阻碍我们成为最好的自己的，始终是顽固而低劣的情绪。

“能控制自己情绪的人，比能拿下一座城池的将军更伟大。”由此可见，情绪对一个人的重要性。一个人永远不要做情绪的奴隶，无论境况多么糟糕，你都应该努力去支配你的情绪。

那些高逆商的人，往往都是善于控制自己情绪的人。他们并非没有情感，只是他们不会让自己受到情感的影响，并且总是能够随意地将情绪调整到自己想要的状态。因为他们内心很清楚：发脾气并不能解决问题，反而更加困扰自己，使事情恶化。越是艰难困苦的时候，越是控制情绪的好时机。

第二次世界大战期间，各国间谍机构活动频繁，都希望在情报方面战胜对手，以便在战场上掌握主动权。与此同时，反间谍机构也都在保持着高度警惕，积极地活动着。

在这样的大背景下，一个间谍不幸被逮捕了。为了不暴露自己的身份，间谍开始装聋作哑。尽管敌人用了最灵敏的设备来测试他，但他一直装聋作哑，没有露出一丝破绽。

最后，逮捕他的人说：“好了，你可以走了。”

这个间谍心里的一块大石头总算放下来了，他欣喜万分，但是他清楚自己一定要控制住情绪，所以没有显示出一点点听懂了对方话的迹象。

最严酷的考验已经过去了，这个间谍完美的自制能力救了他的命。那些逮捕他的人说："真是没有办法，他的情绪一直稳定得要人命，让人无机可乘。他要么是装得天衣无缝，要么是一个真正的白痴。"

这个间谍依靠着强大的逆商，始终保持冷静的头脑，情绪始终是稳定而强大的。当事情出现转机的时候，他的逆商再一次发挥了效用，掩藏起了心中的欢喜，那种坚定和从容镇住了对方。就这样，在那样糟糕的境况下，在那样危机的时刻，他通过支配自身的情绪，把自己从危险中拯救了出来。

的确，那些真正逆商强大的人，是和自己的情绪充分在一起的人，他们去除自我认知中的情绪宣泄，遇事不急，冷静处之，将行动和理智结合起来，进而让心中的智慧浮现，与真正的自己相遇。

成功学大师奥格·曼狄诺曾写过这样一段文字，对于我们控制情绪大有裨益：

"潮起潮落，冬去春来，夏末秋至，日出日落，月圆月缺，雁来雁往，花飞花谢，草长瓜熟，万物都在循环往复的变化中。

"我也不例外，情绪也时好时坏。

"今天我要学会控制情绪。这是大自然的玩笑，很少有人窥破天机。

"每天我醒来时，不再有旧日的心情。昨日的快乐变成今天的哀愁，今天的悲伤又转为明日的喜悦。

"我心中像有一只轮子不停地转着，由乐而悲，由悲而喜，由喜而忧。这就好比花儿的变化，今天枯败的花儿蕴藏着明天新生的种子，今天的悲伤也预示着明天的快乐。

“今天我要学会控制情绪。

“我怎样才能控制情绪，以使每天都卓有成效呢？除非我心平气和，否则迎来的又将是失败的一天。

“花草树木随着气候的变化生长，但是我为自己创造天气。

我要学会用自己的心灵弥补气候的不足。如果我为顾客带来风雨、忧郁、黑暗和悲观，那么他们也会报之以风雨、忧郁、黑暗和悲观，而他们什么也不会买。

“相反的，如果我们为顾客献上欢乐、喜悦、光明和笑声，他们也会报之以欢乐、喜悦、光明和笑声，我就能获得销售上的丰收，赚取满仓的金币。

“今天我要学会控制情绪。

“我怎样才能控制情绪，让每天充满幸福和欢乐呢？我要学会这个千古秘诀：弱者任思绪控制行为，强者让行为控制思绪。”

08.不抱怨，你就赢了

“堵车了！真倒霉！全勤奖没了！”“饭里有沙子！怎么做的饭呀？”“踩到我的脚了！长没长眼睛！”“这家店比那家店贵五毛钱，真是吃亏死了！”……这一类的抱怨，我们每天都在听，甚至每天都在说，伴随抱怨的是满腔的怒火，满脸的不快，这时候我们往往会觉得生活简直是一团糟。

但其实，正因为你眼中只有这些不好的事情，生活中自然就充满了不快。若你能够看见让自己快乐的事情，你的人生就快乐多了。

这并非是不可能的事情，我们的心灵是一个庄园，里面有清甜的泉水，只是很多人更注重于苦难，让这个泉水干涸了。若是你能够用清甜的希望之泉浇灌庄园，那么苦难就会被溶解。

山里有一座寺庙，寺庙里有个高僧，法相庄严，心怀慈悲，很多信徒都来山上找他倾诉烦恼，他每天都要悉心开解这些信徒。但是，不论他如何开导，这些信徒依然烦恼不断，这个烦恼想开了，那个烦恼又来了，他们总是在抱怨：“为什么我这么倒霉，为什么别人的生活都那么顺利？”

高僧认为这样下去有害无益，于是思考几天之后，想出了一个办法。这天他把信徒们全都招到大殿，给他们每人一张纸条，让他们把自己的烦恼写在纸上。信徒们拿起笔，写个没完没了，高僧在旁点了一根香，耐心等待。等信徒们都写完后，他把那些纸条收走，随手团成纸团，放在佛案上。

“现在，你们每个人去抽一个纸团打开，看看要不要把自己的烦恼和抽中那个人的烦恼对换。”高僧说。

信徒们依次上去拿了纸团，打开一看，全都愁眉紧锁，然后像是松了口气，最后他们齐声说：“我们还是不换了，本以为我是世界上最倒霉的人，原来别人的烦恼比我还多！”

大千世界，芸芸众生，烦恼是不可回避的话题。每个人或多或少都会认为自己很倒霉。的确，每个人的人生都不能圆满，总会有些缺憾让人悲叹：儿女双全却父母双亡，知书达理却形象欠佳，事业有成爱情却在低谷……如果仅仅挑出不幸的那部分，世界的确是由一群倒霉蛋组成的，每一个人都那么倒霉，而且别人的烦恼不一定比你少，你绝对不是最不幸的那个人。

烦恼一旦生根，就会生长，最初一丁点儿小问题，越想就越觉得严重，越想就越是不顺心，恨不得这烦恼马上消失。可是，能称为烦恼的事，恰恰没那么容易消失，所以人们经常与烦恼大眼瞪小眼，看着它越变越大，最后成了心头一块大病。

烦恼是会繁殖的，你越注重它，它就越能得到养料，不断繁殖；但若是你能注重希望，那么这些烦恼就会饿死。没有什么苦难是要面对一生的，只要你能提高自身的逆商，试着将注意力转移，多看看生活美好的一面，你的世界便能充满阳光。

一个小和尚心头常常被各种烦恼占据，他为此焦虑不安，夜不能寐。他觉得他受了很多苦：自幼父母双亡，被亲戚扔到佛寺；没有受到父母的关怀，却经常被凶恶的和尚们恶语相待；饭没吃多少，每天却有干不完的活……有一天，他找到寺院的住持，诉说自己的不幸。

住持并没有安慰他，反倒说："谁又是幸运的呢？你以为别人没有受过你这样的苦？也许他们比你还不幸。"

"那么，他们到底是如何熬过的呢？"小和尚问。

住持让小和尚端来一杯清水，他在清水里放了一勺盐，命令小和尚喝一小口，然后问他："咸吗？"小和尚皱着眉说："又咸又苦！真难喝！"

住持又带小和尚去了寺院后的湖边，将那杯盐水倒进湖水里，又舀了一杯递给小和尚。小和尚喝下后，住持问："苦吗？"

小和尚摇摇头："不苦，甜甜的！"

"你看，这就是方法。"住持微笑着说。

溶解苦难的，只有心灵的清甜。

抱怨的源头究竟是什么？是愿望没有得到满足。那不抱怨的人是什么样的？即使愿望没有得到满足，他们首先想的是宽慰自己胜败无常，不必介怀；或者仔细想想苦难的原因，想想如何做才能改变现状，让自己能更如意一些。如果你的心灵始终如湖面一样平静无波，如果你懂得增加心灵的广度，你的心灵的容量就会越来越大，因为感触足够多，一点儿小小的烦恼根本不会触动你的神经。

高逆商的人对烦恼不以为意，甚至有时候看着烦恼，他们会不由自主地笑出来，因为他们已经看穿了烦恼的本质，看穿了什么样的努力能解决烦恼，什么样的情况对烦恼束手无策，产生"尽人事，听天命"的感悟。一旦能够这样想，自然就能笑对烦恼。

如果你的逆商足够强大，如果你的心灵足够清甜，再多的苦都不能改变你的笑脸。与其生闲气，不如做正事，就像咖啡太苦的时候，你应该做的不是拼命抱怨，而是加几块方糖。苦水只会越吐越苦，还不如把它放进更大的水域，让它渐渐稀释。

人生并不是一次愉快的旅途，随着年岁的增长，你将逐渐遭遇生老病死、亲人离世，这些都需要你有强大的承受能力。从现在开始培养你的逆商，它将在人生路上为你保驾护航。

辑二
不要因为动荡世界的冲击，丧失生命的本真

这个世界喧闹而嘈杂，浮躁又虚华，很多人为其所扰，为其所困，丢失了心灵的安宁，终其一生而不得解脱。而高逆商的人却可以做到我心岿然不动，无论外在的世界如何无常，他们都不会丧失生命的本真，最终将黑暗赶出视野，用光明照亮人生。

01.没人可以偷走你的梦想，除非你自己

生活总是这样，上天残酷地紧闭一道门的时候，只要你努力，就会悄悄地为你敞开另一扇窗。关键在于，你肯不肯去推开它，实现你生命的梦想，迎接你生命的曙光。

在东北吉林有一个袖珍姑娘，她出生时因为母亲难产患上了生长激素缺乏症，只有通过注射生长激素才能长高。但这种东西价格不菲，普通家庭根本承担不起，她的父母含着泪停止了对她的治疗。后来，因为骨骺闭合，她的身高最终停留在了1.16米，但就算如此，也未能阻止她不断追逐自己梦想的高度。这个姑娘心理上没有丝毫自卑，除了身高，你看不出她与正常人有什么两样，甚至她比那些人高马大、四肢健全的人，看上去还要高端大气上档次很多。

其实，一般袖珍人在成长过程中所遭遇的问题和困扰，她都经历过，只是她都能以乐观坚强的性格一一克服。

因为身高的原因，求学时她就遇到了很多困难，入学、升学、考试等各种问题，甚至大学都是站着上完的，但她仍然靠自己的努力顺利通过了英语专业八级的考试，并顺利毕业。

作为长春师范大学英语专业的学生，当老师是她最大的梦想，然而1.16米的身高注定了她与这份深爱的职业无缘。接下来的每一次招聘会，她都会被无情地伤害。尽管她的英语口语和文字都比较好，但用人单位只要一看到她的身高，就都会将她拒之门外。

那时，她家周围一些有残疾的，从事卖报纸、修汽车等工作的朋友曾想帮她找一份类似的工作，但都被她婉言谢绝了，不是看不起这样的工作，只是她觉得放弃这么多年的所学，真的不甘心。她仍坚持着跑招聘会，后来，长春市一家制药企业终于被她坚强的信念所感动，向她伸出了橄榄枝，与她签订协议，聘请其担当英语翻译。

有了稳定的工作，她开始有计划地去实现自己的梦想，她的梦想有很多，大多与袖珍人有关。这个坚强且博爱的姑娘深知自己的遗憾已经无法弥补，但她不想让更多的袖珍人再留下遗憾，于是经过不懈的努力，“全国矮小人士联谊会”在她的推动下成立了，目前已在全国各地初具规模。在收获事业的同时，她也在联谊会里收获了自己的爱情。

2011年，这个袖珍姑娘身穿白纱，挽着自己的爱人步入了神圣的婚姻殿堂，这在早些年甚至是她从没想到能够实现的梦想。

婚礼上，30多名苏浙沪的袖珍人带着对这对新人的祝福来到现场。“我们也希望能像他们一样幸福，找到可以相伴一生的人！”多名“袖珍姑娘”沉浸在喜悦中。婚礼现场更感人的一幕是，来自全国各地的99名袖珍朋友发来了对新人的祝福视频。从“中国达人秀”走出来的“袖珍明星”朱洁和秦学仕也来到现场，献上了一曲《甜蜜蜜》，祝福新人婚姻甜蜜、生活美满。中国红十字基金会项目管理部副部长周魁庆代表中国红十字基金会赠送了礼物，更带来“成长天使基金”的“爱心天使”佟大为、关悦夫妇的视频祝福。

这个全国知名的袖珍才女叫作逯家蕊，她的微博标签是“袖珍女孩——水晶人生”。

我们追求美，我们追求完美。然而，那断臂的维纳斯令我们心醉，那种因残缺而更显美丽的魅力震撼人心。

一个人，即使陷入低谷里，也不应该失去斗志，应该更努力去实现人生的价值。一个人，只有心里的火焰被点燃，才能实现自己人生的意义；如果消沉，放任自流，那无疑是令自己有缺憾的人生雪上加霜。今生，无论你能走多远，无论生命给你的是馈赠还是缺憾，请爱你的心灵，别让它沾染人世的黑暗，别让它因为受苦而不再充满活力。

许多事你无力回天，许多缺失你无法挽回，但自卑、自怜无济于事。你唯一能让自己解脱的，是选择爱自己的心灵，让你的心完美。也许你没有财富，也许你没有幸福的家庭，也许你没有亮丽的容颜，也许你天生就有残疾，但是，谁说你不能实现自己的梦想呢？

02.总有人在残酷的世界里，像“小强”一样地活着

鲁迅先生塑造过许多有血有肉的人物，其中“祥林嫂”这个人物想必大家都耳熟能详。

祥林嫂是一个苦命人，丈夫去世后，她在鲁镇当女工，后来被婆婆卖进山里，开始了她的第二次婚姻。没多久，第二个丈夫也死了，孩子又被狼叼走，她失魂落魄地回到了鲁镇。

生活的不幸压垮了祥林嫂，她逢人便要诉说自己的不幸，把儿子被狼叼走的过程一次次地说给镇上的每一个人听。一开始，大家都同情她，为她的遭遇流泪，可日子久了，人们都像躲瘟神一样躲着她，完全不想再听她说话，她的不幸遭遇也成了别人口中的笑话。在人们的冷漠中，祥林嫂渐渐沦为乞丐，在某年的除夕夜悲惨地走完了自己的一生。

但凡读过祥林嫂故事的人，大概都不会忘记她那句“我真傻，真的”。当我们同情她的境遇的同时，也许也分析过她被人厌弃的原因：谁愿意整天听别人抱怨不幸？即使一开始有同情心，也会在长年累月的抱怨中被消磨，最后只剩腻烦。但是，你有没有想过，在某些时候，你也许正是别人眼中的“祥林嫂”？

脆弱的时候，人们都渴望他人的同情和援助，希望得到一句安慰，希望他人能够包容自己一些，给自己一点儿力量，这种渴望无可厚非。可是，一旦你把脆弱当作一种特权，一而再再而三地烦扰别

人，别人就会由同情变为厌烦，再到嘲笑。因为这样展示脆弱的你，已经承认自己是一个弱者，而不自强的弱者，总是要被别人嘲笑。

脆弱的人往往并非一开始就是脆弱的，他们或许也曾有所追求，却在追求的道路上遇到挫折、受到打击，甚至招来别人的嫉妒与恶意的阻挠。在这样的境遇之下，有的人开始悲伤自怜，开始展现自己的脆弱和可悲，甚至向别人示弱，希望获得别人的同情与帮助，好让自己走出人生的困局。

可在这个世界上生存，谁还没有受伤的时候？谁又比谁好过得了多少？别人能活下去，你又有什么不可以？脆弱的一面不应该给别人看，除非是特别亲近的人，想要得到别人同情的想法也应该尽量摒弃。与其向别人展示你的不幸，不如坚强一点儿，让别人看到你的成功，为你的坚强与勇敢惊叹！

莉斯·默里出生在一个贫困家庭，她对父母的要求很简单，就是想要好好地吃上一顿饭，但父母总会以这样或那样的方式告诉她——我们无能为力。默里8岁时开始乞讨，15岁时母亲死于艾滋病，父亲进入收容所，从此默里流落街头。起初，她觉得自己是一个生活的受害者，但是后来她顿悟了，如果自己屈服于生活的种种苦难，那么这一辈子只能这样下去，她暗下决心："有一天我会搞定我的生活的"。

尽管无处可住，这么多年来又未正正经经地上过学，但是为了改变自己的命运，17岁的默里发誓要成为一个优等生，并且要求自己在两年内就要完成高中教育。当时，她在偷食物时会顺便偷些自学书籍，然后在一位朋友家的门厅里研读功课。夏天门厅里又闷又热，冬季门厅里冷得连脸盆里的水都结了冰，她把所有的衣服都盖上仍不足以御寒，她被冻得瑟瑟发抖，但她仍然每天攻读到深夜两三点钟。

在这种残酷的环境下，默里像“小强”一样坚强地生存着。最终，她以全优的成绩考入哈佛，并获得《纽约时报》一等奖学金。如今，她的励志故事被搬上了大荧幕——《哈佛风雨路》，她开始在全球各地发表演说，激励人们跨越困境去追寻心中的梦想。她还鼓励人们面对现实，要有勇气面对，更有勇气反抗。她说：“我们的生活都不容易，但是那有什么关系？什么苦难都挡不住我们的上进心，种种困境只会考验我们、激励我们！”

现实是冷酷无情的，再楚楚动人的脆弱，也无法摧毁它坚实的心房。只懂哭泣与哀伤的脆弱者，注定只能坐以待毙、听天由命、自暴自弃，永远走不出自己的悲剧。

记住，只有强者才能让人欣赏。脆弱始终要留给自己，要相信自己能够战胜它，用自己的坚强打败它，这样高逆商的你必能立于不败之地，享受到鲜花和掌声。

03.用力扼住欲望的“喉咙”

阻止一个人前行的，往往不是前路有多艰难，而是内心已经被欲望牵绊。

生活中，经常听到有人扼腕叹息，如果当初如何如何，现在就会怎么怎么不一样了。但说实话，这样的追悔除了给他人增添谈资以外，还有什么作用呢？人生的痛苦，往往是因为自己有无法释怀的欲望。对于一个高逆商的人而言，我们是欲望的主人，而不是欲望的奴隶，最后的主宰永远是自己。

有一位登山者，他一生都希望在有生之年攀登上珠穆朗玛峰。于是，他从小就非常勤奋地练习登山。他从周围的小山攀登上了附近的高山，又逐渐攀登上了其他的山峰。在这个过程中，随着他名声的远播，他被鲜花簇拥，以前他的周围是训练过程中的石头和灌木丛，而现在他的周围是不断闪烁的镁光灯。

从未有过这般待遇的登山者一下子没有了方向，他突然觉得自己喜欢上了现在的生活：衣食无忧，生活在众人的关注之下。

过了几年，人们对登山家的热情早已“消费”一空，他也没有了供人谈论的价值，于是，他很自然地就被冷落到了一边。而此时的登山者只能望着高耸入云的珠穆朗玛峰哀叹，因为他已经过了攀登珠穆朗玛峰的黄金年龄。此外，多年没有经过系统训练的身体早已经不适合登山，这也就意味着他一生的梦想只能化作叹息。

这件事不能简单地评判谁对谁错，难道是那些记者毁了登山家的一生？貌似是这样的，但是这真的就是最终答案吗？年少成名的登山者有很多，最终成功登上珠穆朗玛峰的也大有人在，难道说他们没有受到环境的影响？当你把自身失败的原因归结到别人身上时，那只是不敢正视欲望的一种托辞。

生在红尘凡世，相信每个人多多少少都会心存欲望。欲望，是想得到某种东西或想达到某种目的的需求，这是每个人都有的一种生理本能。因为这种本能，横亘在我们面前的一般都有两条路，一条狭窄悠长，另一条则鸟语花香。在岔路口，每个人的选择都无可厚非，但高逆商的人往往选择前者。

狭窄悠长的道路，因为没有鸟鸣、花香的打扰，所以往往走得很专一。古人教导我们“无欲则刚”，诚然，放弃心中所有的欲望有些难，但一个人至少要学会驾驭自己的欲望，不被欲望侵蚀，这样才不会沦为欲望的奴隶。不被欲望绊住前行的步伐，这样才能看清自己真正的目标，坚定前行。

在土地上种上花，野草就不会疯长。人们羡慕那些最后站上领奖台的人，却并不知道他们为了能够到达那一刻付出了多大的代价。在行走的过程中，他们会好好地掌控自己的欲望，舍弃功利与浮躁，克制贪婪之念。坚定的目标就是最好的“导航灯”，拒绝不必要的欲望，也就实现了逆商的升华。

曾经看过这样一个故事：

杨乐和张广厚是同在北大数学系的两名高材生，他们没有过星期天，没有过节假日，每天坚持学习演算12小时。“香山的红叶红了”“就让它红吧，我们要演算题”；“中山公园的菊花展览漂亮极了”“就让它漂亮吧，我们要学习”；“十三陵发现了地下宫殿”“真不错，可是得占半天时间，割爱吧”；“给你一张国际足球比赛的入场券”“真是机会难得，怎么办？算了吧，还是看我们案头上的数学竞赛题吧！”……最终，杨乐和张广厚在数学领域中创造出了重大成果。

不可否认，杨乐和张广厚在数学天赋上或许高于其他人，但是他们之所以能在数学领域中创造出重大成果，之所以能出类拔萃，是他们拥有克制欲望、专心前行的学习态度。

英国著名作家萧伯纳曾说过：“自我控制是强者的本能。”那些高逆商的人，往往都有很强的自我控制力，能够抵制那些与目标无关的诱惑。

从相同的起点出发，最后能达到目的地的，终究会是少数。而这些少数往往就是能够发现新大陆的人，他们有可能是将会改变世界的人。

人们常说欲壑难平，人类的大脑或许是最不知道满足的器官，可正是这不止的欲望让人类社会一次次获得质的飞跃。如果被一时的欲望所牵绊，或许我们将永远达不到像今天这般自由。

没有人会嘲笑一个心无旁骛朝着目标走下去的人；相反，人们会对那些为了一时的欲望而走岔路的人感到惋惜。

学着控制心中的欲望吧，排除外物的各种诱惑，不挖空心思依附权势，不贪图名利富贵，让内心处于十分平静的状态。相信，我们定能在障眼的迷雾中辨明方向，朝着正确的方向勇往直前。我们将如同苍松翠柏，不怕乌云翻卷，不怕狂风暴雨，挺立世间，永不摧折，慢慢走向成功！

04.因为一个小伤口丧命不值得

一个人正准备享用一杯香浓的咖啡，餐桌上放满了咖啡壶、咖啡杯和糖，心情无比放松。这时一只苍蝇飞进房间，嗡嗡作响直往糖上飞，顿时他好心情全无，烦躁无比，起身追打苍蝇，于是桌子翻了，杯碎了，咖啡汁遍地皆是，片刻之间房间一片狼藉，而最后苍蝇还是悠悠地从窗口飞走了。

“很多时候，让我们疲惫的并不是脚下的高山与漫长的旅途，而是自己鞋里的一粒微小的沙砾。”哲人的这句话一针见血地道出了我们烦恼的根源。

生活中，烦恼往往不是关系到身家性命的大事，而是一些芝麻绿豆的小事，就是这些小不点，就像鞋里的沙子、嗓子里的鱼刺，让人不快。如果你不能及时地利用逆商，清楚地认识到使自己陷入逆境的起因，那么生活中的种种琐事不断地累积，不知什么时候就成了压倒我们的最后一棵“稻草”。

一只骆驼走在沙漠中，它体内储存的水已经快要消耗完了，又渴又饿。突然有个玻璃片扎到了它的脚，它恨恨地说：“我都这么倒霉了，你还来扎我！真是欺人太甚！欺人太甚！”说完又用蹄子狠狠地踩那块玻璃，可它用力过猛，玻璃一下子全扎了进去，划了一个大口子，血汩汩地流了出来。这下，它真的受了伤。

受了伤的骆驼行动更加缓慢吃力了，一群秃鹫盯上了它，在上空盘旋。骆驼想："这些家伙一定想等我流血而死以后，再吃光我的尸体。"这样想着，它开始拼命地奔跑，一直跑到沙漠边缘，终于摆脱了那群秃鹫。

骆驼刚刚松一口气，突然发现附近的气氛有些不对。原来，有几只狼正在接近它。原来，它的血印在沙漠上，味道招来了这些狼。没办法，它只能继续跑，跑得精疲力竭，终于跑进一个土丘。没想到，那里住着一群食肉的蚂蚁，它们闻到味道一拥而上，顷刻间就爬满骆驼庞大的身体。

在即将死去的时刻，骆驼后悔了：它为什么要和一块玻璃置气，以致送了性命呀！

生活中难免有磕磕绊绊，大发雷霆无益于事情的解决，反倒会让你的烦恼越来越多，后果越来越严重。当自己变成一只流血的骆驼时，你的烦恼甚至会断送你的生活。这就需要我们及时提高自己的逆商，不要抱怨生活，而该问问自己，我们到底在烦恼什么？我们的烦恼值不值得？

其实，让我们烦恼的90%都是一些琐事，根本没有必要走心，耗费自身的时间和精力，但是很多人却偏偏要在这方面浪费时间。坦白说，这些小事就像是小伤口一样，时间就可以愈合它，完全不需要我们操心；但若是你和那只骆驼一样，因此而烦恼、愤怒，那么伤口就会越来越大，直到你的血流干！

所以，下次遇到不愉快的事情，心情被搅得一团糟时，请提醒自己要冷静一点儿，问问自己：这么点儿小事，有什么可生气的呢？当你被烦恼折磨得周身难受时，你其实知道烦恼就像一只虱子，如果不能赶快抓到它，只能忽略。原因很简单，比起美好的生活本身，小烦恼根本就不值一提。

孙小姐进入珠宝店，看着满柜琳琅的珠宝，很是开心。她准备选一个宝石戒指，这时，她不小心碰到了身边的一位太太，那位太太立刻防卫似地护住了自己的包。本来孙小姐也没怎么在意，但是，这位太太一直将皮包抱在胸前，还以谨慎的目光盯着她，这不由让孙小姐火冒三丈。她不禁心里嘀咕着："你的包里就算装了几百万元我也不稀罕！别看谁都像小偷！"最后，孙小姐再也没有心情买珠宝，开车离开了。

像是知道孙小姐的心情不好似的，交通路况也来凑热闹。一路上，不是红灯就是堵车，这让孙小姐越来越烦躁。她干脆把车子转了个弯，想要换一条路。没想到，她的车和一辆大货车同时到达交叉路口，孙小姐的心情更加低落，看来，这辆货车肯定要仗着自己的体积大先冲过去。没想到，货车却突然停了下来，货车司机从窗口冲孙小姐挥了挥手，示意她先过去。那是一个憨厚的中年人，黝黑的皮肤和洁白的牙齿在阳光下闪闪发光，一瞬间，孙小姐胸中的阴霾一扫而光，她点头示意谢谢，愉快地开了过去，一路上都哼着歌，仿佛那些不快的事从来没有发生过。

人们生气不外乎两个原因，不是为了人，就是为了事。人大多是不相干的人，事基本是芝麻绿豆大的事。往不高兴的方面想，就会觉得自己吃亏受罪被冒犯；往高兴的方面想，全都没什么大不了，这正是低逆商和高逆商的差别所在。在高逆商的人看来，日常小事不过是小摩擦，只要自己不用力，它们就不能伤害自己。

曾经有一首很流行的打油诗《莫生气》，诗写得很好："人生像是一场戏，因为有缘才相聚。相遇相知不容易，是否更该去珍惜。

为了小事发脾气，回头想来又何必。别人生气我不气，气出病来无人替。我若气坏谁如意，而且伤神又费力。”不要为小事浪费时间，因为生命有限，应该去做那些更重要的事。

记得，不和烦恼过不去，不是在宽容烦恼，而是在宽恕自己。

05.即便一无所有，也能知足常乐

人们经常用“人心不足蛇吞象”来形容贪欲无止境、人心不知足的现象。据说，“人心不足蛇吞象”来自这样一个典故：

不知在几百年前，有一个名叫“象”的人，家中十分贫穷，经常食不果腹、衣不裹体。为了维持生计，象每天都不得不到后山去砍柴，然后卖给邻居们，以获取毫厘之币。

又是一年飘雪时，天气异常寒冷，可是象还是要和往常一样到后山上去打柴。走在上山的路上时，他忽然在一棵树底下看到一条冻僵了的蛇。看到蛇可怜的样子，象把它带回了家，放到屋子里最暖和的地方。没多久，蛇被救活了。

蛇很感激象的救命之恩，于是答应象，愿意帮他实现任何愿望。

象一时间简直如获至宝。一段时间过去了，象只是要求每天能有简单的衣食，蛇都一一满足了他。

后来有一天，象所生活的这个国家的国王生了一种重病，需要以蛇的眼睛作为药引。于是，国王下旨悬赏寻找蛇眼，承诺如若谁能够找到蛇眼，就会得到高官厚禄以作奖赏。

悬赏通告很快就下发到各地，象也看到了这则通告，他立刻想到了自己救过的那条蛇。于是他找到蛇，并说明了自己的来意。

没想到，蛇竟然连一点犹豫都没有就答应了象的要求，取下自己的一只眼睛给了象。然后，象把它献给了国王。国王的病果然很快就好了起来，象也因此得到了承诺的高官厚禄。

象的生活一下从过去的“地狱”升到了“天堂”。就在象每天都享受着锦衣玉食的生活时，国王最喜爱的一位公主又生病了，太医说需要蛇肝才能医好。于是，国王再次下旨，承诺能找到蛇肝者将被招为驸马。

象又去找蛇。蛇张开嘴，让象拿着刀子爬进去割下一块蛇肝。蛇肝治好了公主的病，象成了人人羡慕的驸马。

可万万没想到的是，有一天象在向国王问安的时候，国王对他说，蛇肝真是好东西，如果平时也能够常常吃到一点，说不定还能够强身健体呢。

为了讨好皇帝，象再次找到蛇。蛇还是张开嘴，让象爬了进去。这一次，象进去后想多割一些下来。结果蛇太疼了，一下子昏了过去，嘴也合上了，象就被闷死在了蛇的肚子里，再也出不去了。

扪心自问，生活中你有时候是否会被贪欲所支配，不知满足，一边追逐着欲望所指，一边抱怨着生活的不幸？如果你的答案是肯定的，那么你不快乐、不幸福、不成功的原因就源于这种不知足，你弄混了欲望和愿望，将多余的东西当作了生存的意义，在难以满足时自然就会抱怨，生活得郁郁寡欢。

老子曰：“祸莫大于不知足，咎莫大于欲得。”也就是说，人生最大的灾祸就是不知足，面对自己拥有的一切都不满足，拥有了还想拥有更多，也就无从获得快乐。要想真正地享受人生的乐趣，就应该做到知足常乐，因为知足是根，常乐是果，知足弥深，常乐的果才会丰硕而甜美。

有人认为“知足常乐”是一种不思进取、止步不前的思想方式，这是不值得提倡的。可再往深究，我们就会发现，这是错误地理解了“知足”的真正含义。所谓“知足”者，是知道“足”与“不足”的区别，而非简单地把“知足”理解成“满足”。知足能使人不为物质所役，懂得“够用就好”的道理。

爱因斯坦对钱财不太在意，也很知足。他曾用一张大面值的支票作为书签，结果不小心弄丢了那本书。对此，他一笑了之。试想，如果换成葛朗台先生，肯定是捶胸顿足，要死要活了。一把躺椅，一杯清茶，一本好书，有人就能常乐；住上别墅，开上跑车，搂着美人，有人却不乐，此皆因知足否。

网上有一首名为《知足常乐》的歌谣，颇值得玩味。其中几句歌词：“想想疾病苦，无病即是福；想想饥寒苦，温饱即是福；想想生活苦，达观即是福；想想乱世苦，平安即是福；想想牢狱苦，安分即是福；莫羡人家生活好，还有他家比我差；莫叹自己命运薄，还有他人比我厄……”

这里，作者用类比的方法，表达了对无病、温饱、达观、平安、安分的认识，对现有收获倍加珍惜的心态，对目前成果尽情享受的胸怀。由此说来，知足是人们认识社会、把握心态的一种智慧；常乐是认识事物以后如何处世的一种精神境界。

其实，知足与否是由不同的欲望层次所决定的。在生活节奏逐渐加快、各种压力不断增大的今天，知足常乐，就是对生命当下的肯定。对于一个高逆商的人而言，即便他一无所有，也可以常常喜乐。

一个年轻人总是埋怨自己生活不如意，终日愁眉不展。

这天，来了一个须发俱白的老人，问：“年轻人，干吗不高兴？”

“我不明白我为什么总是这么穷，别人都那么富有。” 年轻人回答说。

“穷？我看你很富有嘛！”老人由衷地说。

“这从何说起？”年轻人问。

老人没有正面回答，反问道：“假如今天我折断了你的一根手指，给你1000元，你干不干？”

“不干！”年轻人回答。

“假如斩断你的一只手，给你10000元，你干不干？”

“不干！”年轻人没有犹豫。

“假如让你马上变成80岁的老翁，给你100万元，你干不干？”

“不干！”年轻人坚定地摇着头。

“这就对了，你身上的钱已经超过了100万元呀！”老人说完，笑吟吟地走了。

你，就是你自己最大的资本，永远不要忽略这一点。

欲求再多，得到再多，我们需要的东西也是有限的。为了炫耀也好，为了升值也罢，买上好几套房子有必要吗？房价起起伏伏，心情也随着房价时起时落，生怕自己高价买的房子贬值，不过是平添烦恼罢了；衣服堆满了衣柜，最终喜欢的仍旧只有几件，那些不喜欢的留着却占了空间……

所以，持一种极易满足的态度，热忱地对待每一天吧！如此，你会更容易体验到生活的幸福，也更容易遇见更优秀、更成功的自己。

06.事越多，人越忙，越要放轻松

心是生命中最柔弱、最细腻的地方，却要承载人生几十年的酸甜苦辣，着实不易。常常会听到很多人抱怨生活得不快乐，压力让自己透不过气，想把烦恼统统赶走，却又找不着头绪。其实，细想起来，或许这种烦和累，并不是来自工作和烦恼本身，而是来自我们内在的承受力。

若心境上不能承受所有，那么生活就是沉重而枯燥的；若能够在心境上轻松承受所有，生活就不会令人感觉到疲惫。试问：是谁让我们非要过得如此忙碌，是谁强迫着我们每天日夜忧思？是我们自己！我们忘了活着要放松一点，忘了在呵护自己容颜的同时，也给自己的心灵做一个“保养”。

那些高逆商的人之所以比常人活得更轻松、更成功，就在于他们是懂得爱自己的人，他们会适时地放松一下心灵，让平日压抑的情绪得到释放，以全新的方式与外界沟通。

国王在打猎的时候遇到了一个美丽的女子，便想娶她为后。女子同意了，但提出了 个条件：每天下午都要给她 个小时的时间，不要问她去哪里，去做什么。国王答应了，女子便和国王一起回到了王宫。

转眼间，十年过去了。王后把宫里宫外的事情处理得都很好，又给国王生了一对儿女。她一直都很快乐，而且模样还和年轻时一样。

奇怪的是，她每天总是在同一时间离开王宫。国王很好奇，他甚至担心王后不是凡人。终于有一天，好奇的国王悄悄地跟踪王后。结果，他发现了一个秘密。

原来，王后每天离开王宫是为了回到森林。她像个孩子一样，在草地里奔跑，玩累了就看看天上的白云，或是玩弄小溪里的水。王后不是什么仙人，也不是巫婆。一小时之后，她又恢复了王后的“样子”，走出了森林。

国王终于知道，王后每天这样做，就是为了放松自己的内心，抛开所有的繁杂念想，这也是她多年来一直保持美丽的容貌和快乐的秘诀。

生活节奏的加快，工作压力的加大，贫富的悬殊，社会的诱惑，让很多人已经习惯了忙忙碌碌、你追我赶的生活，结果心失去了安定与平静，总是感到迷茫、彷徨、没有方向，根本来不及思考生活的真谛和美好。身心不同步、不协调，内心自然被焦虑和烦躁等束缚，真正的生活离我们而去。

有一位留美博士，从小学到大学，从国内到国外，学业一直都名列前茅。回国以后，他顺利地进入一所著名的大学工作。工作以后，他依然十分勤奋，整日忙碌着课题的申请、研究、答辩和验收，有着开不完的学术会议、赶不完的学术论文，除此之外，他还要给本科生和研究生上课。在一切空闲的时间，他的身影总是出现在实验室中。在他的生活中，忙是最常用的字眼，加班到深夜都是常事，很多时候连吃饭都成为一种负担，方便面成了他最常吃的一种食物。

在这样高压的情况下，他的学术研究成绩斐然。不到40岁，他就成为学院里最为年轻的教授，各种荣誉证书塞满了抽屉。在学生看来，他是一位敬职尽责、学识渊博的好老师；在同事看来，他是一个作风严谨、学术功底扎实的好同事；但是在父母的眼中，他是一个十足的工作狂人，连着几个春节也不回家，甚至给他介绍了对象都没有时间去相亲；在朋友的眼中，他则是一个志存高远、令人钦佩，但是生活单调到近似枯燥的人。

突然有一天，他晕倒在实验室里，诊断的结果让人吃惊。长期的生活不规律和过度疲劳让他的脏器受到很大损害，如果不进行调养，很快就会有生命危险。其实早在两年前，他的身体就已经对他的行为表示了抗议。只是他当时根本没有在意，认为自己还年轻，身体底子较好，甚至连学校每年组织的例行体检，他几乎都没有时间参加。

躺在病床上，这位年轻有为的教授突然觉得有些后怕。长期以来，勤勤恳恳、勇往直前一直是他的人生信条，而他从没有想过停下来看看周围的风景。

调养几天以后，他回到学校请了一年的假期。在这一年里，他陪老妈去菜市场买菜，陪老爸到小区里健身，闲暇的时候背起旅行包自己旅游，在旅游的过程中还结识了一个美丽聪慧的女子……

一年以后，重新回到工作岗位上的他神采奕奕，好像完全换了一个人。虽然工作依然很忙碌，但是他却觉得充满了希望。

随着生活节奏的加快，生活压力的剧增，人们的脚步变得更加匆忙。在不断前行的时候偶尔小憩一下，转个身，无伤大雅，不会影响你的整体步调，反而是一种休养，帮你为明天积攒精力。所以，当你感觉极度痛苦、压力过重时，当你遇到一些想做又做不来的事时，不妨试着放松一下那颗疲惫的心。

人活一世，不过是在漫长的时间轨道里走上一遭，时间不会因为你而停止，周围的一切也不会因为你的烦躁而重来一遍。既然如此，为什么不能给自己创造一个放松的条件，给自己的心灵找到一个归宿呢？浮生偷得一时闲，身处浮世，学会给自己的心灵营造一个安然的环境，是一种高明的逆商。

生命只有一次，这是很多人常常会遗忘的常识。既然如此，我们实在没有必要折磨自己的内心，过得如此压抑。当然，这种逆商也不是说到就能做到，它需要一个慢慢练习的过程。

紧张是一种习惯，放松也是一种习惯。放松，是心灵上的一种释放，它是一种心态，而不是一种活动的形式。很多人喜欢到远方旅行，总觉得要放下工作，要放下一切，远离城市的喧嚣才是放松。诚然，这是一种放松，但这只是形式上的，在心灵上却没有放松，因为你还带着一些“排斥”、一些“压抑”。当你重新归来，或许那种不安分的烦躁又会莫名地涌上来。要知道，生活不缺少快乐，只是我们的心弦绷得太紧，感受不到快乐的音符。

高明是一名物理系大学生，一天他去导师家里请教一个问题，恰巧看见导师在家逗小猫玩，表现得像一个小孩子，那么快乐，与往日的样子截然不同。高明感到万分惊讶，因为导师是一个严肃、古板、治学严谨的人，从来不苟言笑。导师遇到了什么好事，竟如此高兴？高明在心中嘀咕道。

请教完问题后，高明把自己的疑问告诉了导师。

“正如你今天问我的问题，”导师笑着回答说，“弹簧受的力和它的改变量成正比，但这里必须有一个前提条件，那就是在弹簧的弹性限度内，如果在使用过程中违背了这一规律，它就会被损坏，从而无法使用。其实人也是一样的！无论做什么事情，都应该安排得张弛有度，否则身心就会承受不住。”

那些繁华锦瑟，那些痛苦彷徨，那些心的呢喃，那些黯然神伤……身处繁华喧嚣中的我们，一定要照顾好自己的内心。越是忙碌，越要懂得放松心灵，保证快乐地度过每一天，这样就能够体验到别人体验不到的靓丽生活，这与身在喧嚣的城市、身在僻静的郊外无关，因为心才是快乐的源泉。

一个人一旦拥有了这种逆商，便能时时心境平和，处处坦然从容……生活中，有什么比这更洒脱自在的呢？

07.真正高逆商的人，从不怕被利用

“被人利用了”，这听上去令人觉得不是很舒服。现实生活中，谁都不想被人利用。因为“被利用”会让人觉得自己好像“傻瓜”一样没有得到应有的尊重，有一种被人戏弄的感觉。因此，很多人一旦发现自己成为被人利用的对象时，总会愤愤不平。为了防止被人利用，很多人处处小心谨慎、层层设防。

殊不知，身在你争我抢的竞争社会中，我们每个人都在利用别人，谁又能不被别人利用呢？只要你还能被别人利用，只要还有人愿意利用你，那就证明你还有价值存在。不怕被人利用，就怕你没用。甚至，从某种程度上来说，一个人成就的大小，就看他给别人所带来的利用价值有多少。

可以假设一下，有这样一个人，他能力不如你，才华不如你，既不能与你信息共享、情感沟通，也不能与你相求相助，但是他一有困难就跑来找你，这样的人你会利用他吗？恐怕不会，想必你对同他做朋友也不会有多大的兴趣。因此，当别人挖空心思利用你时，请不必生气，这证明你有可利用的价值。

正是因为明白这一点，那些高逆商的人往往不怕被别人利用，而是进一步提升自己的利用价值。就像下面这个小故事的主人公一样：

一个著名的建筑师想在建筑工人中找一个人做自己的学徒，于是他来到建筑工地上。他问见到的第一个工人：“你在做什么？”工人

没好气地说：“在做什么？你没看到吗？我在为了微薄的工资给那个吸血僵尸一样的老板卖命！”他一连问了几个工人，每个人都一副很愤怒的样子。

突然，建筑师看到一个年轻的工人敲着石头，脸上却微露出幸福的神情，他走过去问他：“你在干什么？”工人眼睛里闪烁着喜悦的神采，说：“我在为兴建一座巨大的教堂而努力！ 虽然敲石头的工作并不轻松，但当我想到将来会有无数的人来到这里接受上帝的爱，心中便常感到高兴。”

当然，不用问，最后建筑师当然选择了最后那位工人。

从上面的故事中我们分析出，虽然这些工人都被老板利用了，但他们的工作态度却截然不同。前几位工人面对被利用，态度消极，只为工作而工作，而最后一位工人却从中看到了自己的价值，觉得这份工作好得不能再好。

在当今社会，还在算计自己是否被利用的人，他的思维已经太陈旧了。能够正确对待“被利用”的人，才能够体会被利用的快乐，也才能去对生活感恩，用一种积极乐观的态度去面对一切。另外，从某一个角度来说，如果利用者利用他人之力成就了自己，那么被利用者往往也能从中受益，在被利用中成就自己。

你是否想过，无论我们拥有多大的能力，如果没有一个可以展示的平台，这些能力就如一卷卷的胶卷，没有放映机，全部都毫无用处。而别人“利用”我们，正是给我们提供了一个可以展示能力的地方，一旦拥有了这个平台，我们就能将实力发挥得淋漓尽致。这样看来，所谓的“利用”，其实既肯定了我们的价值，同时也是一种互惠行为。

因此，当发现自己被人利用的时候，我们实在没有必要为此愤愤不平，不妨珍惜被利用的价值，在被利用的过程中努力发光，让自己能在那一块舞台上更加炫目，进而拥有更宽广的舞台。只有那些“被利用”许多的人，才有可能被赋予更多的机遇，才能有资格获得更多的荣誉。

文萱学的是服装设计，她在这方面也特别有天赋。毕业后，她进入一家服装设计公司，不久就赶上公司要筹备一个大型时装展，每组成员都被要求交一份设计作品。为了证明自己的能力，文萱绞尽脑汁，最终她的设计脱颖而出。但是到了署名的时候，设计图上却署上了主管的名字。

知情的同事们都为文萱感到愤愤不平，劝她将这件事情告诉总经理。但是文萱并没有因此而觉得受到任何委屈，也没有太大的反应，她安慰自己被利用是一种对自己的肯定，于是对主管依旧毕恭毕敬，工作也更加努力。不久，在一次公司的例行大会上，主管不仅表扬了文萱，还建议总经理给文萱升了职。

文萱不仅有才华，她的情商也同样不低。当自己的成果被主管据为己有的时候，如果她大闹一场，或者赌气不好好工作，最后她只会失去自己的舞台，哪里还会获得晋升呢？在整个过程中，主管虽然利用了文萱，但同时也尽可能地给文萱提供一个舞台。

若是你遇到这样的事情，你可以换个角度想一想，主管真的是在损害自己的利益吗？他有没有可能是在帮自己呢？比如自己名不见经传，提出的策略很难被人们接受，所以署上了上司的名字，看似是一种伤害，实际上可能是为我们搭了一个台阶。

按照人际交往的互利原则，你“被利用”了，对方自然会在合适的时候在其他方面回报你，这就是所谓的“得道多助”。

将自己的能力转变成“可利用的价值”，并利用一切渠道和机会向别人广泛传递。长此以往，不仅自己的价值越来越高，而且有利于结交更好、更有价值的朋友，促成更有效、更稳固的资源，这是现代社会的生存智慧。高逆商的人，自豪自己有“被利用”价值，也欢迎任何人来“利用”自己！

当你有利用价值时，你会被别人当一盘菜看待；一旦你失去利用价值，别人就会把你当作一个满身油污的菜盘子。千万不要认为自己被利用了就愤愤然，等到真有那么一天你被人不闻不问，那你就真的失去了自身价值。让自己永远被需求，让自己永远无法取代，这样的你才会永远立于不败之地！

08.把世界放在心外，世界奈你何

生活如同一片汪洋大海，人只是大海上的一叶扁舟。大海永远不可能一直风平浪静，人生也是喜乐掺半。

生活中，每个人都或多或少会受到情感、家庭、工作的困扰，当烦恼如同海潮一样袭来，失意、迷茫、恐惧、焦虑触动着人们的每一根神经，让我们烦躁不安，甚至想要逃离人群，到陌生的地方寻求难得的清静。殊不知，内心不安宁的人，永远也找不到清静之地，无论走多远、走多久，亦是如此。

一位虔诚的年轻人，每日都在自家的花园里采撷鲜花，拿到寺院里供奉。

某日，当他正把花送到佛殿上时，碰巧遇到了老禅师。老禅师见此，欣喜地说道：“施主每天都如此虔诚地以花供佛，来世定能得到福报。”

年轻人听后喜出望外，连忙说道：“这是应该的。我每天到寺里拜佛，觉得心灵就像洗涤过一般清净。可一离开这里，心里就烦乱。我的太太是一个女强人，我则守家待业，每天生活在喧嚣的城市里。如何能够保持一颗清净之心呢？”

老禅师笑了笑，反问年轻人：“你以花献佛，想必对花草总有些常识。那么我问你，你家里的花是如何保持新鲜的？”

年轻人一本正经地答：“这个很简单，每天要换水，换水时把死梗剪掉一截。因为花梗在水里容易腐烂，若是不剪掉，水分就难以吸收，花很快就凋谢了。”

老禅师道：“保持一颗清净之心，道理也如此。生活的环境就像是瓶子里的水，我们就是花，只有不断地净化身心，变化气质，不断地忏悔、检讨、改过，才能够不断地吸收大自然的养分。”

年轻人点点头，感激地说：“谢谢禅师的开示。希望以后有机会能够拜访您，过一段寺院中禅者的生活，每日享受晨钟暮鼓，在菩提梵唱中感受安宁。”

老禅师笑道：“呼吸便是梵唱，脉搏跳动就是钟鼓，身体就是庙宇，两耳就是菩提。人生何处不宁静？何必等机会到寺院里生活呢！”

我们总是习惯将烦恼归咎于外部环境，但外部环境并不能决定我们的心。说到底，每个人都活在自己设定的一个环境中，你觉得它喧嚣，它便是喧嚣；你觉得它安然，它便是安然。拥有高逆商，无论遇到什么情况，都能做到心如止水的从容，这样你才能阅尽幸福，优雅从容地度过每一天。

就像老禅师说的那样，热闹场也可以作为道场，只要自己愿意丢下妄念，抛开内心的杂念；如果不能摒弃妄念，即使身处深山古寺，一样无法修行，因为心不静。

六祖慧能说：“不是风动，不是幡动，仁者心动。”

的确，并非外界的纷扰搅乱了心，心不安宁才是根本。名誉、地位、财富、学历的欲念冲击着脆弱的心灵，兴奋、快乐、幸福、自豪的感受忽隐忽现，烦恼、压抑、懊悔、自卑的情绪不时出现。面对这些干扰，唯有提高自身的逆商，让烦躁的心宁静下来，才能够体悟到生活的美妙。

美国哲学家、文学家罗斯·李普曼曾经遇到过一位长者。长者让他列出人生中最美好的事物，于是他把内心向往的爱情、才华、权利、财富和声望等逐一写在了纸上，并自以为这些已是生命中不可或缺的美好事物，可谓是一份完美的答卷。

谁知，长者看过后摇摇头，说里面少了一样最重要的东西。如果没有它，你所写的这一切都会变成可怕的痛苦，变成人生中难以承受的负担。

长者将所有的答案划掉，然后郑重其事地写下了四个字：心如止水。

长者的答案让罗斯·李普曼如梦初醒。这个世界上，拥有健康和名望的人很多，可唯有心灵的宁静才是上帝赐予人们最后的恩典。而绝大多数的人，一辈子都未必能够得到这份厚爱。长者的教诲，让罗斯·李普曼一生铭记于心，也最终让他成了一位真正的智者、牧师和心灵导师。

后来，在自己的著作中，罗斯·李普曼用自己的人生感悟告诉世人：“任何财富都无法换来内心的安宁。即便没有外在的物质，也可以让心灵安详、富足。只要内心是安宁的，生活再苦再累，也阻挡不了追求幸福的乐趣；一旦心灵充满躁动和不安，拥有再多，生活也索然无味。”

纷繁复杂的世间，很多人也是如此，太过注重表面的物质生活，从而忽略了内心的感受。久而久之，生活变得越来越浅薄，心灵变得越来越不安。因为物质上的富足，掩盖不了心灵的慌乱和空虚，为了填充这种空虚的感受，他们又会拼命忙碌，试图用更多的财富积累来掩饰。于是生活陷入了一个怪圈，很累很焦虑，却又找不到出口。

一个女人在感情上遭受了挫折，情绪低落，日渐消沉。一日，她独自到海边散步，碰巧遇到了以前的一位好友，这位好友恰好是一名心理医生。

女人开始滔滔不绝地向朋友倾诉自己的苦恼和悲痛，希望朋友可以帮她解脱，斩断内心的纠结。

朋友在一旁安静沉默，好像没有听见她的诉说一般，因为她的眼睛一直看着远方的大海。直到女人说得累了暂时闭口，她才自言自语地说道："帆船遇到了满帆的风，走得可真快呀！"

那个女人望了一眼海上，见一艘帆船正乘风破浪地前进着，她没在意，以为朋友没有听到她刚刚的诉说，不懂她的意思，便又一次把自己感情路上遇到的种种坎坷，以及现在的痛苦、烦恼说了一次，只是这一次的语气比刚刚重了不少，还多了点哀怨的味道。

朋友好像在听，又好像什么也没听见。她不顾身边这个近乎发狂的女人，依旧望着海上的帆船，自顾自地念叨："你还是想想办法，怎么让一艘行走的帆船停下来吧！"说完，她就转身离开了。

消除生活乃至生命的苦恼，并不在于苦恼的本身，而在于有一颗安宁、豁达的心。唯有止息心的喧嚣，才不会被外在的烦恼所困。想要彻底摆脱烦恼，在于自我意念的清静，就像故事中那位医生朋友说得那样，在满风时让帆船停下来。

生活总会有涟漪，无论生活给予我们的资源多么匮乏，无论外面的世界多么喧哗吵闹，只要用宁静做心的屏障，把世界放在心外，世界奈你何？内心始终保持清净安详、一尘不染，这就是逆商的定力。何况，人生本就短暂，即便不够快乐，也该学会平静，真的没有必要让自己品尝苦涩。

辑三
没有谁的人生是完美的，但你总有另一种选择

追寻人生的第一选择固然最好，但并不是每个人都如此幸运。当A选项不复存在的时候，高逆商的人不会坐以待毙，而是立即启动B选项，进而将境遇一点点变好。所以，当你遇到逆境的时候，不要沮丧，去试试B选项吧，说不定会有许多意外的收获。

01.世间纵有千般不快，终抵不过你深情前行

人生说穿了只有几个字：生老病死是状态，喜怒哀乐是情绪，衣食住行是消费。人活着，体会的是一种感觉，品尝的是一种滋味。我们每个人都向往快乐，却难以感受快乐。为什么？因为我们为它填充了太多内容，为了追逐所谓的快乐而钻牛角尖，越走越将自己困在死胡同里，最终动弹不得，连退路都没有了。

什么是快乐？“快乐”是一个很大很远的名词吗？

不是的，快乐存在于小事当中。快乐不是长生不老，不是大鱼大肉，不是权倾朝野，而是小事的堆积。生活中的一句话、一件小事、一个眼神、一句鼓励、一句安慰都是一种快乐的暗示，但是只有善于发现和体味的人才能感觉到。道理很简单，快乐不在于拥有多少，而是一种感受、一种心境。

玛雅虽然相貌不出众，才能不拔尖，是一个各个方面都普普通通的女人，但是她却是自己圈子里最有魅力的。不为别的，在生活中她总是微笑着，看起来活得很快乐，甚至她经常会在一个人做什么事的时候忽然笑起来。

“玛雅你笑什么呀？”同事问。

玛雅用手一指办公室的窗外：“你看那个树上挂着一个鸟窝，鸟窝上粘几片叶子，还有那个树枝，哈哈。”

同事瞧了瞧，不以为意，玛雅就用手机拍下来，给大家看。果然

照片上显示出一个笑脸“^_^”，那是由鸟窝、树叶和树枝组成的。这么别致的笑脸，每天挂在办公室窗外的树上，发现者只有玛雅一个人，她就比其他人快乐得多。

有人会羡慕地说，你看谁多快乐，真让人羡慕。是他们真的幸运吗？事实上，他们或许有着更多的烦恼，只是他们善于从生活中一件微不足道的小事中发现快乐，感受快乐，并品尝这些小小的快乐带给自己的满足。这就像棉花糖，一絮絮、一丝丝，慢慢品尝，就会有甜味，甜到心里。

就像人们说的，世界并不缺少美，缺少的是发现美的眼睛。无论你的身边有多少乐事，如果你发现不了，就永远只会抱怨。遗憾的是，大部分人都在忙于工作、应付压力，缺少了发现的心情，致使生活失去了乐趣，平凡的生活变得平淡寡味。正如澳大利亚作家安德鲁·马修斯所说：“每个人都希望自己是快乐的。可我们都太忙了，都把快乐这事给忘了。”

有一个小和尚过得很不快乐，于是他向禅师请教快乐之道。

禅师讲了庄周梦蝶的故事：有一天黄昏，庄周一个人来到城外的草地上，他仰天躺在草地上，闻着青草和泥土的芳香，尽情地享受着，不知不觉睡着了。他做了一个梦，在梦中他变成了一只蝴蝶，在花丛中快乐地飞舞。上有蓝天白云，下有金色土地，还有和煦的春风吹拂着柳絮，花儿争奇斗艳——他沉浸在这美妙的梦境中，完全忘了自己。突然间庄周醒了过来，虽然刚刚只是一个梦，不过庄周觉得快乐极了。

故事讲完后，禅师对小和尚说：“一只小小的蝴蝶在梦里飞入了庄周的心，也能让他变得快乐起来，那么生活中还有什么事能让他烦恼呢？快乐无处不在，许多点滴都值得我们细细品味、咀嚼。”

小和尚听完禅师的话后，终于明白了快乐的道理。

我们常常被不快乐迷惑，忽略也遗忘了快乐的时候。庄周在梦中化为蝴蝶，从喧嚣的人生走向逍遥之境，看到自己“飞舞”的模样，惊觉自己的快乐，这是庄周的大幸。这正如禅师所说：“快乐存在于平淡的生活之中，快乐无处不在，点点滴滴都值得我们细细去品味、去咀嚼。”

如果想做一个永远快乐的人，就要学着细心一点儿、用心一点儿，在平凡的生活中寻找快乐，感受那些小小的快乐，为一个小小的祝福而心存感激，为一份小小的友情真诚感动，为一个小小的礼物欢呼不已，为一个小小的关心充满怀念……也就是这些小小的快乐，让我们的生活变得多彩，生命变得更可亲，更让人眷恋。

英国一家名叫“三桶白兰地”的机构，发起了一项针对3000名英国人的小调查。

调查中，研究人员列出了50个不同的选项，让这3000名受访者勾选。其中，“在旧牛仔裤的口袋里发现10英镑”成为最让英国人感到快乐的一件事。10英镑就可以换来快乐，这样让人感到幸福的小事其实还有很多很多。

快乐并不是空等来的，也不是被动地期盼来的，只需要你具有快乐的能力，获取快乐的意图，并能积极地参与。真正快乐的人，具备强大的逆商，他们擅长在生活中发现小确幸，一点点积攒身边每件小事带来的快乐感，如此便能找回生活的本质，也就没有多少时间焦虑与烦恼，更没有时间唉声叹气。

无论富贵与贫穷，我们都需要懂得寻找人生的快乐。世间纵有千般不快，终抵不过你深情前行。你会发现，忧愁和压抑感会从内心深处消失，再艰难的生活也会发生奇妙的变化，开始有了快乐的样子。

02.逆商越高，越不做无谓的争论

古人言：“世俗之人，皆喜人之同乎己而恶人之异于己也。”

这句话的大意是说，人们都希望别人赞同自己，讨厌别人反对自己。然而一千个读者眼中有一千个哈姆雷特，世界上没有两片相同的树叶，更何况人的想法。与人交往，意见不和是正常的事情，出现分歧也是正常现象。如果大家都坚持自己的观点，最终不仅不会有任何结果，两人还会不欢而散。

主观的意见本身就带有强烈的个人色彩，所以，当与他人意见不统一时，不要纠缠着与人争论。不如跳出自己的立场，试图站在对方的角度去看待问题，如此将两种观点相对比，便能得出更为客观的结论。即使对方的观点有错又怎样？会影响你的人生吗？实在没有必要因为别人的错误而折磨自己。

古时有两个人发生了争论：甲认为四乘七等于二十七，乙认为四乘七等于二十八。两人争论了一天一夜，谁也没有说服谁，最后只好去找县太爷理论。

结果是认为四乘七等于二十八的人挨了二十大板。

乙感到非常委屈，颇为不服，责怨县太爷处事不公。县太爷却说：“你竟和认为四乘七等于二十七的人争论，本身就很愚蠢，难道不该受罚吗？”

县太爷这番话的确耐人寻味，这世上大多数的争论其实都是愚蠢而没有必要的。即便你有理，也不一定非要用争辩来证明自己是对的。一个人明明掌握了真理，却不能理性地处事，反而纠缠于一些无谓的争论，浪费自己的才智，破坏自己的心情，损害自己的形象，也实在是一件愚不可及的事。

何况，很多时候，一个问题没有绝对的对错之分，不过是立场、喜好、出发点的不同。我们每个人都是独特的，因为不同的个性、不同的习惯、不同的阅历、不同的成长背景等形成了个体特殊性，必然会有观点、看法、主张、言行的差异。倘若非要分辨出是非对错，只会纠缠不清。

的确，生活中的争论往往不过是鸡毛蒜皮的日常小事，说白了，不过是“萝卜白菜各有所爱”。无谓的争论就仿佛是因为自己喜欢吃苹果，就一定要跟喜欢吃西瓜的人证明苹果更好吃——这样的争论，无论输赢，除了让两个人争得面红耳赤、心情不悦外，还能带来什么呢？即使你巧舌如簧，你就能说服对方，让对方认可你，对你产生好感吗？恐怕不仅不能这样，反而会让对方厌恶你。

在这一点上，口才大师卡耐基也曾吃过大亏。

第二次世界大战刚刚结束，英国举办了一场宴会，为一位战争英雄授予爵士勋章。期间，一位声名显赫的先生讲了一段幽默的故事，并引用了一句话，大意是“谋事在人，成事在天”。那位健谈的先生随后补充道，他所征引的那句话出自《圣经》。当时戴尔·卡耐基被邀请参加此宴会，也在场。听到这位先生如此说，卡耐基笑了起来。因为他知道，这位先生说错了。那句话出自莎士比亚的剧本，而且他清楚地知道出自哪一幕的哪一场，于是立即站起来，纠正了那位先生。

那位先生立刻反唇相讥："什么？出自莎士比亚？不可能！那句话就是出自《圣经》。"

卡耐基有些不屑地说："如果你不相信，可以问问坐在我旁边的这位先生，他是我的朋友法兰克·葛孟，他研究莎士比亚的著作已有多年。"谁知，葛孟并没有站起来，而是在桌子下踢了卡耐基一脚，低声说："别说了，快坐下。"卡耐基茫然地看着葛孟，不知道他为什么要这样做。宴会结束后，卡耐基私下里问葛孟："法兰克，你明明知道那句话出自莎士比亚，你为什么要撒谎？"

葛孟微笑着回答："没错，我当然知道。那句话出自《哈姆雷特》第五幕第二场。可是亲爱的戴尔，我们是宴会上的客人，为什么要证明他错了？那样会使他喜欢你吗？为什么不保留他的颜面？他并没问你的意见啊，他也并不需要你的意见。为什么要跟他抬杠？要记住，永远避免跟人家争吵。"

卡耐基一听，顿时愣住了。他这才意识到，为什么后来那位先生几乎不和自己说话，甚至许多人也都对他投来了异样的眼光。

争论，很多时候就是为了分出输赢，证明"我是对的，你是错的"。然而，许多事其实没有争论的必要，谬误永远是谬误，真理还是真理，用时间来判断，用事实去证明，不是更好的选择吗？正是因为明白这一点，高逆商的人从来不做无谓的争论，他们往往会压制住自己的表现欲望。

英国有一句谚语："无谓的争论就像家鸽，它们飞出去后还会飞回来。如果你我明天要造成一种历经数十年直到死亡才消失的反感，只要轻轻吐出一句恶毒的评语就够了。"

其实，我们完全可以十分快乐、大方地肯定对方的观点，学会点头称“是”。如果我们能够认真地倾听对方，试着用欣赏的眼光去看待对方，以及对方的观点、辩词和言论，想想他们有哪些是合理的、正确的、有益于我们的地方，不仅会使我们启悟智思、谦听受益，还会使我们交到更多的朋友。

不在私人争辩中耗费时间，发自内心地尊重对方，用理性克制争论的冲动，如此既成全了对方的面子，也让自己多了一个朋友，何乐而不为？

03.不要等撞了南墙才懂得回头

做事的时候，我们很多人都有一种坚持精神，甚至不达目的誓不罢休，这是一种极好的品质。想要成功，自然要有韧性，要懂得坚持，但坚持不等于固执，固执是一种对自己的盲目信任，走错了路仍然不知回头。这样的人无疑被自傲控制了，直到头破血流的那天才会发现，自己曾经做出了多么愚蠢的决定。

有一个捕鱼技术非常娴熟的渔夫，他平日里总喜欢随便发誓，而且非常固执，即使自己立下的誓言不合实际，他也不肯改变，宁愿将错就错。一次，他听说市面上墨鱼的价格非常高，于是他立下誓言：这次出海只捕捞墨鱼，大赚一笔。然而，这次的渔汛带来的全是螃蟹，为了坚守自己的誓言，渔夫只好空手而归。等到他上了岸，才知道螃蟹的价格比墨鱼还高，为此他非常后悔，发誓以后只捕螃蟹。

过了一段时间，他再一次出海，这回遇到的全是墨鱼，为了实现自己的诺言，他不得不把这些墨鱼放回海里。晚上，渔夫饥肠辘辘地躺在床上，他又发誓：无论是螃蟹还是墨鱼，下一次都要带回来。然而，海神似乎在和他开玩笑，渔夫第三次出海，捕捞上来的既不是螃蟹，也不是墨鱼，而是其他的鱼。

为了遵守誓言，渔夫又一次空着手回去了……可惜的是，他没有再一次出海的机会了，因为第二天他就在饥寒交迫中死去了。

渔夫的死，实在令人惋惜，他三次出海都有收获，这些东西足够他享用许久，只可惜他固守誓言，最终死在了自己的固执之中。执着确实能带来美好的人生，但若是过分执着就是固执了，固执不是坚韧，而是愚蠢，它无法帮你实现任何理想，只能给你带来麻烦和灾难。

理想和现实之间都有一定的距离，有时候，你虽然在某件事情上做了很大的努力，但仍不能达到设想的目标，甚至发现自己处于进退两难的地步，所走的路线也许只是一条死胡同。这时候，最明智的办法就是分析一下，这个目标对自己是否合适？如果不合适，重新调整和修正，设立新的目标。

其实，这个道理很多人都明白，只是很少有人能够做到，因为人们难以分清什么时候该坚持，什么时候该放弃。高逆商的人与低逆商的人区别也就在此：前者懂得变通，知道何时该坚持，何时该放弃，何时该改变；而后者只懂得没有理由地坚持，一成不变地固守，而这样自然容易作茧自缚。

马克·吐温是美国著名作家，但是在他成为作家之前却是一个十足的失败者。在马克·吐温的心中，他最大的理想就是成为一名出色的商人。45岁之前，他靠爬格子发了点儿小财，并有了点儿名气。正在这时，一个叫佩吉的人来敲他的门，希望他能够投资打字机的生意，但是这个人却是一个十足的骗子，只会不断地向马克·吐温要钱，最后马克·吐温赔进去了19万美元。

马克·吐温50岁的时候，他的名气更大了，他所写的书有很多都成了畅销书，人们争相购阅。出版商看准这一行情，争相出版他的作品，因此依靠着他的作品而发财的大有人在。眼看着自己辛辛苦苦写出来的作品，出版收入大部分落入出版商的腰包，自己只拿到其中很少的一部分，马克·吐温觉得有些不公平，同时也生出了一些感触："为什么我自己不开个出版公司，专门出版、发行自己的作品。这样我既不用受出版商的盘剥，自己也能够挣上一大笔钱。"

恰恰在这时候，他手头有6部作品即将脱稿。他细算了一下，如果把它们交给出版商，最多只能得到3000美元的稿酬；如果自己出版，至少可得25000美元的收入，二者相差8倍之多。他决心自己出版自己的作品，开始从一个作家向出版商转变。但是他写书还行，对出版行业却一窍不通。这个出版公司勉强维持了10年，最后在1894年的经济危机中彻底坍塌。马克·吐温为此背上了9．4万美元的债务，他的债权人竟有96个之多。这两次的经商经历总共赔进去了大概有30万美元，他多年积累的稿费赔了个精光，并且负债累累。

但是马克·吐温的妻子奥莉娅是一个非常聪明的女人，她深知自己的丈夫并没有多少经商才能。同时，她也知道自己的丈夫有很好的演讲和写作才能，于是制订了一个可行的还款计划，并鼓励马克·吐温在演讲和写作上下功夫。最终，马克·吐温免于债务，在文学创作中也取得了更好的成就。

马克·吐温的转身是成功的，他在迷惘之中看到了自己的长处，转身到了另外一个世界之中，在自己擅长的领域里创造了新的辉煌。

人生路时刻都需要试探，没有既定好的道路和方向，在每个岔路口前，我们都是以新生儿的姿态去迎接新的挑战，所以转身并没有什么丢人的。

不爱自己的爱人、不适合自己的职位、力不从心的事业等，固执最终总会有一个不好的结果。为什么一定要坚持呢？即使过去曾经做过一些固执的事，但从今天开始，你可以选择改变，这不是软弱和逃避的表现，而是审时度势、及时止损的逆商，这样才能掌握真正的生存之道，并走向生命的开阔之处。

04.把平凡变得热闹，才是真本事

每个人都是一粒渺小的沙，当然，这是对整个世界而言。于个人而言，没有人愿意承认自己的平凡。众人都是平凡的，却有很多人渴望不平凡。多少人以“不凡”作为评判成功的标准，将权力、金钱、地位等作为人生奋斗的目标，追求生命中的华彩，哪怕只是短短的瞬间。同时，也鄙视风平浪静、波澜不惊的人生。

夜莺和百灵鸟是森林里有名的歌唱家，动物们每次听到它们悦耳的歌声，都会忘却了时间。不过，对于夜莺和百灵鸟的歌声，猫头鹰却不屑一顾，它觉得自己的歌唱实力更胜一筹。为了证明自己的本事，猫头鹰决定开一场演唱会。

不过，猫头鹰知道，鸟类可能并不认同它，如果只依靠个人演唱，一定很难受到大家的欢迎。于是，猫头鹰想了一个办法：请夜莺为它伴唱，请百灵鸟为它翻谱。起初，夜莺和百灵鸟并不愿意，但猫头鹰几番诚恳的邀请，让它们无法再拒绝。

几天之后，猫头鹰的演唱会在森林音乐厅如期举行。然而，第二天动物王国的报纸头版上刊登了一篇“社论”，其中写了这样一段话：“昨天晚上，森林中举办了一场很有趣的音乐会，那只应该作为主唱的鸟儿在台上伴唱，那只应该伴唱的鸟儿在台上翻谱，而那只本应翻谱的鸟儿却成了主唱！”

猫头鹰的心情很低落，但这时一只啄木鸟安慰它说：“我也不会唱歌，但我可以捉虫子，给大树看病。”

“我也是捉害虫的，但我喜欢在夜里工作。”猫头鹰低着脑袋回答道，“那有什么用？当夜莺和百灵鸟多好，可以被大家当成偶像，被赞美着……”

啄木鸟不慌不忙地说：“但你能消灭田鼠、保护庄稼、确保丰收。”

平凡的人，平凡的生活，平凡的世界，难道就注定平凡吗？这个故事印证了一个真理：平凡不是一件可耻的事情，每个人都有自己的位置，只要你看得起自己的位置，那么你的人生就能绽放光彩。生活是自己的，不要在意别人眼中的自己，即使平凡也要努力生活、坚持向前。甘于平凡的生活，不为琐事而烦心，这才是人生最真实的意义。知晓自己的人生目标，了解自己的所求，在平凡中过好自己平凡的生活，这样的生活才称得上生活，这样的人才称得上高逆商。

几年前有一部电视剧，叫《老大的幸福》，剧中的傅老大是东北小城一位憨厚老实、普普通通的足疗师，他不如做董事长的老二有钱，更不如做处长的老三有权，更没有做演员的老四风光，也不及做教师的小五体面。但是，在兄妹五人之中，傅老大却是最幸福的。这是什么原因呢？

原来，弟弟妹妹们虽然有权、有钱、有名、有面，但他们却为名利所累。身为房产公司董事长的老二一切行动都是公司至上，一切从利益出发，与他人的关系都是赤裸裸的金钱关系；官居显位的老三一心想要往上爬；作为明星的老四怀揣着大腕的梦想，在娱乐圈的潜规则中痛苦周旋，逢人便笑，却暗地里流泪；身为教师的小五，被学生家长搞得狼狈不堪，只好抛弃真情攀富求贵。

总之，那些弟弟妹妹们一味地追逐金钱、权力、地位，虽然他们的物质生活比老大优越许多，可是内心深处距离幸福却很远。傅老大不在乎手里有多少金钱，也不在乎自己手上有没有权力，更不在乎自己是不是体面，通过做足疗自己挣钱养活自己，只想过平平凡凡淡的生活。在他的眼里，“腌鸭蛋一吃，嘿，就是幸福”，所以他要比那些有“事业”、有“粉丝”的弟弟妹妹们幸福多了，过得踏踏实实、舒舒服服，也给他们生动地上了一课：“什么才是幸福生活！”

最终，傅老大帮助众弟妹克服困难，找回了自己内心想要的，也找到了真正的幸福。

庄子曰“终生役役，而不知所归，不亦悲乎。”确实，每个人都渴望成为不平凡的人，渴望有不平凡的生活，殊不知所谓的“不平凡”只是相对的，就整个社会的人生旅途来说，“不平凡”也是平凡中的一种。从更高的角度观看人生，我们会发现，人生就如同流星，灿烂地划过天际，最后复归于平凡。平凡才是人生最终的归宿，每个人都在过平凡的生活，生老病死，并没有人能够逃避。

一位饱经沧桑的哲学家说过这样一句话：“年少的时候，总觉得人生应该像大海一样波澜壮阔，才不枉走一生。但经过几十年的风风雨雨之后，才恍然大悟：人生中精彩的事情占5%，痛苦的事也占5%，剩余的90%则全部都是平凡。”既然如此，我们又何必为了那仅仅5%的精彩而整日劳累奔波，为了那5%的痛苦而不停地怨天尤人，却忘记了在这90%的平凡中享受生命的快乐与幸福呢？！

高逆商的人都明白，伟大的成功其实不算什么，只有把平凡的生活真正过好，人生才是圆满的，生命才是强悍的。从讨厌平凡到认可平凡，是生命的成熟；从逃避平凡到接受平凡，是生命的经历；从挣扎平凡到适应平凡，是生命的感悟。

朝起沐清风，斜阳饮绿松。春秋花与月，冬夏雪和虫。生活便是如此，纵使轰轰烈烈又如何？人终究是平凡的，生活终究是平凡的。看淡激烈的人生，不因外物乱吾心，不以琐事坏余情。过好平凡的生活，体会平凡中的快乐，就如同渊明篱下之菊、和靖孤山之梅，自是妙不可言。

就像有人说的那样："我到过许多地方，发现世上许多人的生活比我们想象的要平凡得多，然而却能体现出他们自身的价值，更平静，更悠闲。"

05.真爱，战得胜时间，抵得住流年

对于很多人而言，婚姻在生活中占了相当大的比重，无论男女，对爱情都有着原始的憧憬，希望刻骨铭心的爱情就发生在自己身上，渴望有生之年为了爱轰轰烈烈一次。但实际上，婚姻生活的真谛就在琐碎的柴米油盐中，实实在在的生活才是最重要的，才是生活真实的滋味。

她和他在电影院偶然相遇，一见钟情。新婚生活是美好的，两人各自忙着自己的事业，回到家就是柴米油盐。可是渐渐地，喜欢浪漫的她觉得日子太过平淡，对爱人没有了心跳的感觉，她甚至觉得他不是真的爱自己，所以提出了离婚。

男人深爱这个女子，他艰涩地问："为什么？难道你觉得我不够爱你吗？那你说，我哪里做得不好，我要怎么做，你才能改变主意？"

她说："我问你一个问题，如果你的答案我能接受，那我就选择留下。假如我非常喜欢一朵花，但是它长在悬崖上，如果你去摘，一定会掉下去摔得粉身碎骨，你还会为了我去摘吗？"

他沉默了一会儿，然后说道："我想一下，明天早上给你答案。"

第二天早上，她醒来时他已经出去了，桌上依然像往常一样放着一碗她最爱的、热气腾腾的米粥，下面压着一张他留下的纸条，上面写着满满的字。看了第一行后，她的心一下子沉了下去，但……

"亲爱的：

我确定我不会去摘那朵花，理由是：

在这里住了这么久，你出去还是经常找不到方向，然后就开始哭，所以我要留着眼睛帮你看路。

别人惹你生气时，你总是不说话，喜欢一个人生闷气，而我怕你气坏了身子，所以我要留着嘴巴逗你开心。

你每月那几天都会疼痛难忍，而我要留着手给你暖肚子。

你出门总是忘记带钱包，买好了东西才发现没带钱，而我要留着脚跑去给你送钱，让你把喜欢的东西买回家。

因此，在确定你身边没有更爱你的人之前，我不想去摘那朵花……

亲爱的，如果你接受我的答案，就把房门打开吧！我正拿着你最喜欢吃的豆沙包在门外等着呢……”

她打开了房门，扑在他怀里放声大哭，她不再需要那朵花了！

锅碗瓢盆所演绎的琐碎生活，总会将风花雪月尘封在时光的沙漏里。走在婚姻路上，也许对方没有天天对你说“我爱你”，但对方会为你打上一把遮风避雨的伞，为你沏上一杯飘着香气的茶，为你盖上早已暖热的被，给你一个依靠，给你一个归宿……谁能说这不是另一种意义上的浪漫呢？

确实，生活中也有像烈火那样熊熊燃烧的爱情，但你是否想过，这样的爱情燃料是什么？爱需要的不仅是感动，更多的是维系。生活就是如此，就像坐过山车一样，一次的刺激会让你感觉生活充满了热情，但让你无限次地坐在过山车上，那么你除了头晕眼花之外不会有任何浪漫的感觉了。

仔细观察生活你就会发现，那些轰轰烈烈的爱情只能让人产生憧憬，但相守到老的陪伴才会让人产生幸福感。就像我们的父辈，甚至更老的长辈们一样，只有真正经历了世事的沧桑以后才会发现，无论多么荡气回肠的故事总要回归现实的平淡。当回顾人生百味时，才从心底有所感悟：原来，与我们心灵贴得最近的，还是那些我们曾经并不看重的平淡与真实。而真爱，战得胜时间，抵得住流年。

有这样一对年近九旬的老夫妻，他们在一起生活了近七十年，岁月的痕迹给他们留下了满脸的皱纹和花白的头发。但他们依然健朗矍铄，常常能看到他们脸上慈祥的笑容。

每天早晨，他们都要去早市买菜。去的时候，大爷拄着拐杖，大妈拎着空篮子，两人并排而行。回来的时候，空篮子里装满了蔬菜水果，拐杖穿在篮子中央，两人抬着。大爷走在前面，大妈走在后面。

上午，大妈拿着小凳坐在大树下摘菜；大爷躺在树阴下的躺椅上，摇着蒲扇看着报纸。时常，报纸会滑落，蒲扇也会停止摇动，大妈拿出薄毛巾被轻轻地搭在大爷身上。

傍晚，他们在小区里悠然而缓慢地散步。没有电视镜头中的手挽手，也没有温情脉脉的眼神，只是两个人在慢慢走着。偶尔，大爷走快了两步，停下来，回过头等着大妈赶上来，再并排一起走……

可是，很少有人会想到，这样一对“白金婚”的老人，竟然是指腹为婚！

他们在5岁的时候就被定下了娃娃亲，结婚前从没见过面。1938年，两人结婚。而后，从抗日战争、解放战争到抗美援朝，一直是“为革命牺牲小家”，精力基本都放在了工作上，即使是短暂的在一起，也是极其平淡地过日子。

一直到20世纪80年代中期，两人才先后离休。这时老两口才有时间在一起，享受享受生活。

1997年，不幸降临了。大妈身患重病，半瘫在床。除了更加精心地照顾老伴儿以外，大爷没有丝毫的怨言。他只是说：“现在医疗条件能跟上，肯定能恢复得不错。”

在大爷的照顾下，大妈精神很好，没多久就能扶着墙走路了。而后渐渐地，就像人们后来看到的，从一点一点慢慢散步到现在，两人每天早晨一起去买菜。

在被问及有什么“爱情保鲜秘籍”时，大爷回答：“我们是娃娃亲，不像现在的小年轻有那么多的浪漫。我和她相濡以沫走到今天，不容易。我们过得很平淡，相互间的感情不在于言语之中，而就在琐碎的小事、平淡的时光中。”

相爱容易相守难，这是一个真理。婚姻是两个陌生的人走到一起，激情过后，剩下的只有各自真实的性格和脾气。不同环境、不同背景、不同喜好的人组合在一起，也许本身就是不完美的。面对这种不完美时，去接受，并尽力调和，全在于我们的心态，在于我们能不能用逆商去包容、去接纳。

无论是怎样感人的爱情，激情过后终究要归于平淡，爱情终将以朴实却又温馨的生活作为延续，这是生活的常态。心无法总是在虚无的浪漫中飘荡，只有柴米油盐才能让心尘埃落定……在柴米油盐中用心去体会，幸福便时刻围绕在我们身边。细水长流的爱情，像春风拂过，一派和煦，让人沉醉入迷。

06.在危险的悬壁上，笑着品尝甜果

大文豪托尔斯泰说过：“没有单纯、善良和真实，就没有伟大。”单纯是一种简单而纯真的关系，它的意义在于萌动心灵的意识，用单纯的心去接近生活中复杂事物的真实层面。正是这样一种渴望和祈求，创造了人性纯真而朴实的爱，让我们感受到一种淡然而脉脉滋润着的快乐。

往往，思想和行为的过度倾向只会减损快乐，遮蔽基本价值。快乐来自心中有爱，有信仰和希望，这些都是人性最本初的质朴。所以可以这样说，快乐根植于单纯。保持一颗单纯的心，于事，专注踏实；于人，友善真诚。在现实生活中显现出一种至纯至简的情怀，驶往人生幸福的彼岸。

可是，现在的人们总是想得太多、太深入，总想看清未来的本质。这样一来，苦难和死亡就摆在了自己的眼前，就好像明天将要面对一样，每天被时间追赶着跑，每天都在躲避苦难中度过。这样的生活让人们觉得疲惫，觉得难以应对，更谈不上自在，每天被压力所包围，将我们逼入绝境。

一个年轻人在森林中探险的时候，突遇一只老虎。老虎饥饿的眼神告诉他，即使不一定能跑得过老虎，但除了拼尽全力逃离之外，他别无选择。最后，老虎的穷追不舍把他逼到了一个断崖边上。

俯瞰悬崖下，年轻人想：与其被老虎活活咬死，还不如跳下悬

崖，说不定还有一线生机。于是，年轻人便纵身一跳。然而人在半空中却停住了，睁眼一看，自己被挂在了一棵长在悬崖边的梅树上，树上结满了梅子。

年轻人如获重生，喜从心生。正在这时，一声闷雷似的吼声从他脚底下的断崖深处传来。他用余光一瞥，一只凶猛的狮子正在崖底踱来踱去地抬头望着他。

年轻人刚放下的心瞬间又提到了嗓子眼儿，更不妙的是，他的耳边传来了一阵窸窸窣窣的声音：一黑一白两只老鼠正在用力地咬着梅树的树干。

他惊慌得几乎颤抖起来，这让本来就不怎么结实的树干也跟着晃动。这时，年轻人转而一想：既然已经这样了，我不如不要这么紧张，万一没被摔死、咬死，反而倒被吓死了，那岂不是太亏了？这样一想，年轻人真的就慢慢平静下来了。

没过多久，情绪平复的他感到肚子有点儿饿了，看到手边的梅子长得正好，便顺手摘了一些吃起来，他甚至感到自己从来没有吃过那么酸甜可口的梅子。吃完后，困意渐浓。年轻人心想：反正迟早都是死，还不如趁着死之前好好睡上一觉呢。于是，他闭上眼睛，在一个三角形的枝桠上沉沉地睡去。

不知过了多长时间，等他睡醒后再次睁开眼睛的时候，他甚至都有些不敢相信自己观望到的：黑白小老鼠不见了，老虎、狮子也不见了。最终，年轻人顺着树枝，小心翼翼地攀上悬崖，脱离了险境。原来，就在他睡熟的时候，饥饿的老虎按捺不住，跃下悬崖。两只小老鼠听到老虎的吼声，都惊慌而逃。跳下悬崖的老虎与崖下的狮子经过激烈打斗，也都双双负伤而遁。

既然对生命最坏的结果已了然于胸，那么剩下要做的，便是度过在此到来之前的时光：安然享受树上甜美的果子，然后平静地睡去——当一个人具备了如此强大的逆商，便能在起点与终点之间的生活过程中过得健康而美好。

其实，我们又何尝不是这个被逼入绝境的人？人生之初，就已经注定要去面对苦难与死亡：苦难就像一只饥饿的老虎，或尾随或追赶；死亡如同一头凶猛的狮子，一直在悬崖的尽头等待；而白天与黑夜，就像一白一黑两只老鼠，不停地啃噬着我们暂时栖身的生活之树，直到有一天我们会跌入狮子的口中。

但即便困境就在眼前，我们也有逃脱的办法。命运安排了一切，我们只要做好自己的事情，其余一切都可以顺其自然。去除内心的负担，我们才能拥有宽阔的胸襟和健康的心态。当摒弃内心的一切杂念，以豁达之心、纯简之态去应对，我们便会让他人感受到一种理解和关心，同时获得心情的愉悦和灵魂的升华。

而往往在现实生活中，我们熟悉的却是这样的感觉：

当你想开怀大笑的时候，你紧憋着不敢笑出声来；

当你感到伤心郁闷的时候，你又强忍着眼泪，没让它掉下来；

当你看见一位老人跌倒在路边，你视而不见，因为你在想：一定又是一个讹人的骗局；

当你从一位衣衫褴褛的乞丐旁走过，你没有丝毫的停留，因为你在想：等他收工了，指不定会去哪里大吃大喝。

你说生活本就是这样复杂，而你只不过是多了一个心眼。

可是，你有没有想过，因为这个心眼，那个老人可能就永远站不起来，那个乞丐或许又要挨饿地度过一晚？

你说心里充满了忧郁，可你有没有想过那些忧郁源自哪里，或者说它们到底存不存在？

你标榜自己感情丰富，而你的感情又是针对什么呢？自己、朋友、家人，还是生活？

你解释说，这都是因为自己长大了，不能再像以前那么幼稚了，应该多思考，思考生活，思考一切。

可是，别人都在欢笑，而你却一直保持严肃的面容，一个人呆坐在角落。

生活其实很简单，变得复杂的是我们的内心。就像一面镜子，我们心里装着什么，折射出来的世界就是什么样子。当我们用内心的狭隘、怀疑甚至卑劣搅扰着自身内心的纯净时，心灵便滑向了黑暗的深渊；相反，无论什么境遇，如果我们能始终坚守善良、真诚、仁爱、责任等美好品性，蒙蔽心灵的阵阵雾气就会渐渐散去，我们便实现了人格的升华和心灵的澄净。

人们习惯于说自己有一个快乐的童年，却很少说自己过着幸福的生活，因为成人的世界对于我们而言有太多复杂的事情，我们被这些事情折磨得体无完肤。可实际上，关键问题在于我们，我们忘记了单纯，习惯于将所有的事情复杂化，也因此失去了快乐，在追名逐利的过程中忘记了本真。

命运给我们安排了一个落脚的地方，或许周围有很多危险，但我们也要发现身边的树。苦难固然可怕，但我们若是能安然享受树上甜美的果子，那么心灵就不会积聚太多负面能量，生活就会变得幸福得多。这是一种历经世事沧桑，依然不失活力的坚韧；这是一种正视人生苦难，依然热爱生活的淡泊。

07.纵然颠沛流离，也要活得高贵

期待事物的完好，希冀人生的顺达，大事小情一切如意，恐怕是每一个人所渴望的。可是老天就是喜欢跟我们开玩笑，总是时不时地给我们点“颜色”瞧瞧，再美好的人生也有可能突然陷入困顿的境地。此时，很多人会不可避免地产生悲观、消沉的情绪，甚至整天生活在忧郁和愤恨之中，以泪洗面。

难道因为一时的困顿，我们就否定生命中的一切吗？这是小孩子才有的情绪和行为。我们应该怎样做呢？一个人，无论经历了怎样的沧海桑田，都不该让岁月打败；无论经历了怎样的千帆过尽，都不该让挫折摧毁心灵。一个人纵然颠沛流离，也要活得高贵，身心保持在一个相对高的高度。

林徽因原是大家闺秀，过着富足而安稳的生活，但在战火硝烟的抗战时期，她不得不和家人背井离乡，南下逃命。在颠沛流离的流亡途中，林徽因等人被日本侵略者一路追赶，几次险些丧生。她几番辗转去了云南昆明，之后又到了四川一个叫李庄的孤岛。历经风霜、病体支离、物资匮乏，生活苦难极了，这与之前喝茶吟诗、谈天论地、安然度日的生活简直是天壤之别。

有人以为这些会带走林徽因内心对美好情怀的所有梦想，以为她的思绪会枯竭，以为她的情怀会更改，可她没有沉陷于悲伤，亦无怨无悔，她的眼神依然纯净。

下雨的日子未必都是感伤，林徽因会煮一壶闲茶，品味人生；月缺之时也未必只是惆怅，她亦可以倚窗静坐，温柔地怀念远方的故人，还有心情采折一枝春花去装扮花瓶，去拾捡落叶夹进书扉。纵使历经颠沛，尝尽苦楚，她也没有被这个纷繁的俗世漂染成五颜六色，她依旧还是那朵白莲，如梦似幻地植于世人心中。她仍然拾起笔，写下了灵动的篇章："哪怕在幽冷的山泉底，仍要保留着那真。"

从上流社会走向烟火之地，林徽因纵然颠沛流离，也没有因此一蹶不振、怨天尤人，而是傲然坚挺如寒风中的青松。林徽因面对困难生活的勇气和担当，令人动容。

"一个人，应该承受最差的，享受最好的。"这是一句广告词。

是的，你未必好运到含着金汤匙出生，也未必就有超强的赚钱头脑和工作能力。很多时候，你和大多数人一样，只是一个普普通通的工薪族。你需要每天上足8小时的班，甚至可能经常付出额外的加班时间；你每个月拼了命也只能赚几千元钱，却还背负着房贷、车贷——这就是你的生活。

但你也必须认识到一点，即使暂时贫困，暂时低谷，没关系。只有在贫困中寻找情调，在低谷中不失希望，做到不为生活所累，不为现实所限，思想和生活才能一天比一天更有层次。这是对生活的肯定，是对自己的爱护。人生本就不易，你必须拥有这种逆商，才能经受住世事刁难，去危就安，最终得偿所愿。

在大学宿舍里，徐萌的杯子、饭盆、书桌等总是被擦拭得纤尘不染，床单总是被铺得整整齐齐，她还会隔三差五在校园里摘些野花，拼出一个造型别致的花束，插在宿舍窗户前的花瓶里。许多人以为徐萌的家境应该不错，但事实上，她出身在一个贫困的家庭，父亲因为腿疾在老家一所企业当保安，母亲一边料理家务，一边照料三个孩子。她的家是常人无法想象的困窘，据说学费都是乡里资助的。

徐萌微笑着讲述了自己的经历：“年幼的时候，家里经济十分困难，勉强可以养活我们姐弟三个，我们几乎没有逛过商场，更没有穿过商场的衣服，但是妈妈总会亲手给我们做衣服。带有荷叶边的裙子、喇叭袖白衬衫，一针一线都非常认真细致，比外面卖的便宜好多，也要好很多，总是令同学们羡慕不已。我问过妈妈为什么要这么费劲，妈妈笑着告诉我：‘即使生活再艰难，我们也要干干净净。’”

“十岁前，我不知道什么叫家具，”徐萌继续说道，“我们家买不起家具，但这些困难并没有让妈妈沮丧，她把别人丢掉的木箱、木条、铁皮都拾掇起来，敲敲打打，我们有了桌子、书架、柜子和沙发。因为技术不到家，这些家具看起来有些难看，后来妈妈买了一些彩色的布料盖上去，布置出了一个温馨浪漫的小家。这些布料一用就是好多年，虽然颜色洗淡了许多，但永远都是洁净的。”

看了这些，你应该知道，要活得高贵，需要大量的时间、精力及耐心，需要你苦心孤诣，需要你改变现有的观念，需要你一次次地超越自我，需要你想尽办法改变现状。

此时正在疲于奔命的你，不妨借鉴这股内在力量，无惧人生风雨，坦然面对生活。这样一来，生活自然会好起来，你也终将在人群中闪闪发光。

辑四
如果你露出獠牙，全世界都会感到害怕

逆商高的人，看到的往往不是困难本身，而是在困境中成长的可能性。也许一时看不到光亮，但他们会不断地充实自己，积极主动地行动，去发现任何一丝微小的机遇和冲破困境的可能。当他们慢慢沉淀出惊人的力量时，就是即将取得最后胜利的前兆。

01.无畏者，舍我其谁，纵横大地

一天，有人问一个农夫是不是种了麦子。

农夫回答："没有，我担心天不下雨。"

那个人又问："那你种棉花了吗？"

农夫说："没有，我担心虫子吃了棉花。"

于是，那个人又问："那你种了什么？"

农夫说："什么也没有种，我要确保安全。"

在现实生活中，不乏像农夫一样的人。生而为人，我们总是希望把任何一件事情都做得完美无瑕，会因担心自己做得不够好而惴惴不安，会为了维护自身安全和既得利益而不敢去做哪怕是一点点的尝试……而这种行事风格，难免畏首畏尾，白白错失良机，到头来什么也没有，什么也不是。

确实，不去冒险就不会遇到挫折，但不去冒险你也永远看不到人生美景。人生来就是要冒险的，命运会安排给我们各种各样的挫折，这并不意味着我们就要每一步都完美地跨越，犯了错很正常，这都是我们的人生财富，就像玩游戏一样，每一关都比上一关困难，而每一关都是下一关的积累。

更明确地说，成功的机会是同风险叠合在一起的，险中有夷，危中有利，"高风险，意味着高回报"。不冒点风险，哪来出人头地的机会呢？别让对未来的恐惧占据了自己的心，哥伦布如果不航海探险，能发现美洲新大陆吗？达尔文不亲身探险、搜集资料，能完成巨著《进化论》吗？

是算计风险，还是致求稳妥，这是逆商高低的表现，决定了我们是否能有别于过去。同时，这也是我们能否改头换面，开创崭新未来的关键所在。

吉姆·伯克被晋升为约翰森公司新产品部的主任，他上任后做的第一件事，就是开发研制一种全新的适合儿童使用的按摩器。不过，产品的试制失败了，伯克心想这一次肯定会被降职或炒鱿鱼，因为他让公司赔了不少钱。

果真，伯克很快就被叫进了总裁办公室。但是，总裁罗伯特·伍德·约翰森却没有严声厉色地指责他，反倒说："祝贺你，虽然你让公司赔了钱，但是你犯错误也说明你勇于冒险。如果没有这种精神作为支撑，我们的公司就不会有发展。"

总裁的这番话印在伯克心里，他也一直在这样做。后来，他成了约翰森公司的总经理。

伯克难道不知道研制新产品有风险，可能会失败吗？他不知道这样的失败可能让领导认为自己这个刚刚上任的主任能力不佳、管理无方吗？他当然知道，甚至他还知道自己可能会因此而失业。但是，任何事情的圆满结局是等不来的，只能依靠冒险的尝试去完成，所以伯克选择了冒险！

那些在任何领域成为领袖的人物，他们之所以有与众不同的魅力，之所以能够成为顶尖人物，不仅因为他们有很强大的能力，还因为他们有很强大的逆商，他们敢于尝试接触新事物，勇于面对风险。这种逆商使他们充满了克服困难的信心，充满了积极向上的力量，反过来帮助他们得到更多的好运。

詹姆森·哈代是工业和体育运动方面的先驱者，他最大的个性就是喜欢冒险。

哈代是爱迪生的朋友，在爱迪生发明了电影之后，哈代也从中得到了启发。他希望能够让胶片上的画面一次只向前移动一幅，让老师们有时间详细地解释画面上产生的内容。于是，哈代开始为之努力，终于成功地实现了让画面与声音同步进行的目标，创造了真正的视听训练法。如今，他已经成为公认的“视听训练法之父”。

哈代曾经两次被选入美国奥运会游泳队，这期间相隔20年之久。他几乎每天都要游泳，有时是在湖泊中，有时是在海里，取胜的信念注入了他的血液中，让他为了达到提高速度这一目标疯狂地努力。后来，哈代又决定在游泳方面做出改革，他把自己的想法分别告诉了游泳冠军约翰·魏斯姆勒和杜克·卡哈纳莫库，却都遭到了否定。他们认为在水里冒险是在拿生命开玩笑，何况澳式爬泳早已确立、定型，不需要做任何改动，但哈代却说：“我就是要冒这个险。”

于是，哈代再次冒着风险在一直固定不变的爬泳方法上进行了大胆的改动，使其变得更加灵活自由：游泳时头朝下，吸气时将脸转向另外一侧，脸回到水下时再呼气。这种方法可以让划水的时间缩短，提高游泳速度。哈代的冒险成功了，他也没有被淹死，而是发明了我们现在常见的自由泳。于是，哈代又被人誉为“现代游泳之父”。

哈代做出的挑战和冒险是常人想都不敢想的，因为有太多的“不可能”因素存在。但也正是因为挑战了“不可能”，哈代才成了“视听训练法之父”和“现代游泳之父”。具备了如此坚定而勇敢的逆商之人，有谁能够不从内心对他发出敬仰和赞叹之声呢？有谁能够不被他的魅力所吸引和影响呢？

成功，是人生路上的美丽花朵，它通常不会长在路边，最美丽的花往往开在充满荆棘的深谷里。如果没有冒险精神，就永远只能看到路边的野草；而冒险，就像是采摘到充满荆棘的深谷里的花朵，往往开得最美丽。

风险不只是危险和苦难，更是机会和希望。只有鼓起勇气面对风险时，风险才有可能被解决，并且反过来为己所用。

不要浑浑噩噩地混日子了，从今天开始，用勇气代替懦弱和恐惧，用主动出击替换等待和退缩，敢于尝试接触新事物，勇于面对风险，接受命运安排给你的种种考验，你才能在跌跌撞撞中找到通往成功的正确道路。当你成功后，回头看过往，你就会发现每一次冒险都是一次转折、一次机遇！

02.你有多凶猛，困难就有多软弱

每个人都会遇到难题，都会遭遇困境，而我们的选择无非有两种，要么迎难而上，要么知难而退。具体来说，高逆商者碰到难题时，往往会认为是一种挑战，是磨练自己意志、增强进取欲望的机会；而低逆商者遇到困难时，则会认为是自己的命不好，认为是天意要扼杀他，从而怨天尤人、坐以待毙。

的确，很多问题有时很难，甚至看似无解，但是在遇到问题的时候，如果首先想到的不是赶紧去解决它、怎么解决它，而是推、拖、等，等到实在不行了，才不得不硬着头皮去做，而且还是心不甘情不愿，那么只能导致一个结果：难题永远得不到解决，工作做不好，自己得不到重用，也取得不了成就。

1997年8月的一天，著名家电生产商海尔公司派魏小娥前往日本学习。此行的主要目的是学习当时世界上最先进的整体卫浴生产技术。

在日本学习期间，魏小娥不放过每一个可能观察到的细节。她注意到，日本人所生产的家电在试模期废品率基本都保持在50%～60%，设备经过调试正常之后，废品率达到2%。

对此，魏小娥生出疑惑，问日本方面的技术人员："为什么不把合格率提高到100%？"

对于这一问题，日本方面的技术人员很是错愕，他们反问道：

“100%？你觉得可能吗？”

通过这次谈话，魏小娥充分意识到，之所以在试模期废品率如此之高，这并非是日本人能力方面的问题，而是阻碍在他们思想上的栏杆使他们停留在2%的标准之上。

但是，作为一个海尔人，一个面对问题要尽全力解决好的人，魏小娥的标准是100%，遇到了问题就努力解决，并且要解决得漂亮，解决得彻底。带着这种“要么不干，要干就要干第一”的态度，魏小娥开始拼命地利用每一分、每一秒的时间来学习相关技术。

5周之后，魏小娥带着先进的技术和赶超日本人的信心回到了海尔。6个月之后，日本的模具专家宫川先生来华访问，见到了自己的“徒弟”魏小娥。这时候的魏小娥已经是卫浴分厂的厂长。当看到一尘不染的生产车间、操作熟练的员工和100%合格的产品，宫川先生惊呆了。他不由得向“徒弟”魏小娥询问：“我曾经绞尽脑汁地想解决当时存在的几个问题，但最终都未能成功。我们生产卫浴产品的现场远没有你们这么整洁有序，我们也为此一直在努力，但是难度太大了。我们从没想过100%合格，因为这实在是太难了。请问，你们是怎样做到的呢？”

魏小娥平静地答道：“迎难而上，全心全力。”

如何面对困难，就可以看出一个人逆商的高低，也决定了你是生活的强者还是弱者。但凡做出伟大壮举之人，莫不经历过重重困难，最终才得以修成正果。

没错，正是这种面对问题绝不放过的敢于挑战的劲头，让魏小娥和她的团队创造了日本人不敢想象的高合格率。试想，如果魏小娥的思想也停留在2%的废品率上，而这样的废品率也完全说得过去，想必没有谁会反驳她这样的解释，那么她将永远不会创造出这样的奇迹。其实，这正是高逆商的表现。

鲁迅先生曾说："人生的旅途，前途很远，也很暗。然而不要怕，不怕的人面前才有路。"他的话旨在告诫我们：无论有多么棘手的问题挡在你前进的道路上，你都不应感到畏惧，应该用积极的心态去迎接它，运用智慧寻找解决之道，迎难而上，全力解决。这能提高自身能力，也是将来的晋身之阶。

所以，困难就像弹簧，你只有紧紧地压在它身上，它才会屈服于你；如果你没有压住它，反而让它压住了你，那么受苦的只有你自己。

那些高逆商的人，无一不具有这样一种意识。只要是遇到困难和难题，他们的第一选择肯定是：解决它！他们不会为自己的畏缩、恐惧而找理由，而是勇敢地面对，积极地思考，将困难和难题视为磨炼自己意志和锻炼处事能力的机会，然后用自己的行动去征服它、战胜它，从而提升自身的能力。

2004年年初，海尔集团推选本部的张庆福去尼日利亚拜访海尔营销经理。不料，刚见面，这位外籍营销经理就抱怨道："海尔的冰箱太难销售了。尼日利亚停电是常有的事，有时一停电就是十几个小时，冰块都变成水了！再好的冰箱也无法销售好啊！"

看到外方经理这副无可奈何的模样，张庆福不禁问："那您看怎样才好销售呢？"

那位经理竟然半开玩笑地说："除非停电时间也能吃上冰块。"

"停电也能吃上冰块？"

众所周知，电冰箱是需要电才能结冰的，而停电的状态下是无法结成冰块的。张庆福却没有把这看成克服不了的困难，而是进一步思考下去，停电能吃冰块，并不意味着永远没有电。如果将冰箱制冷后保温时间拉长，不也是可以的吗？于是，张庆福将自己的构思与想法告诉总部，在有关部门的配合下研制出了保温时间更长的冰箱。

随后，张庆福把一款制冷后保温时间超过100小时的冷柜调到当地，结果在当地引起了轰动。之后，随着“停电也能吃上冰块”的名声在尼日利亚各地传播，海尔冰箱和冷柜在尼日利亚的销售份额排名稳居第一！张庆福本人也因此荣获“海尔集团 2005 年度十大功臣”的称号！

我们越是脆弱不堪，困难便越是得寸进尺。

在困难这个敌人面前，如果我们鼓足全身力量，内心充满顽强，它就会退缩、慌张。一鼓作气将它摧毁，你的眼前便会充满光亮！

03.就算浑身是伤，也要咬着目标不放

生活是美好的，但生活也是残酷的。暴风雨总是在不期而遇中出现，困难和挫折也许比我们想象的要多很多。在这些看似难以逾越的障碍面前，在不确定及看不到的未来面前，我们往往感到迷茫，想努力去做出改变，却又找不到方向。那种有心无力的无奈感，真的是一种折磨。

其实，迷茫仅仅是因为缺失一个目标。

沙漠里气候干旱，风沙是常有的事情，很多人都被无情地埋葬在这里。

一位探险者行至沙漠时，遭遇了一场突如其来的风暴。风暴非常大，吹得他什么也看不见，一阵狂沙吹过之后，他已认不得正确的方向，而且他那装有干粮和水的背包也被卷走了，这个人难免有些沮丧。

“哦，我还有一个标本！”探险者惊喜地喊道，原来在他上衣的口袋里还有一个蝴蝶标本，那是他答应给女儿带回去的礼物。于是，他就拿着这个标本，坚强地走在沙漠里。整整一个昼夜过去了，探险者仍未走出空旷的大漠，饥饿、干渴、疲惫、失望等一起涌上心头。望着茫茫无际的沙海，有好几次探险者都觉得自己快要支撑不住了。可是看一眼手里的标本，他想起了女儿期盼的目光，陡然间又增添了些许力量。

顶着炎炎烈日，探险者又继续艰难地跋涉。已经数不清摔了多少个跟头，只是每一次他都挣扎着爬起来，踉跄着一点点地往前挪，他心中不停地默念着："我要活下去，我还要把蝴蝶标本送给女儿……"三天以后，探险者终于走出了大漠。那个蝴蝶标本依然完好地被他拿在手里，他双手轻轻地把标本擎了起来，看上去像是举着一个宝贝。他哭着说："若是没有这个标本，或许我现在已经命丧沙漠了。"

人的一生又何尝不是如此？在生命的旅途中，我们常常会遭遇各种挫折和失败，就像行走在迷茫无际的荒漠中。这时候，其实只要有一个坚定的目标，并始终毫不动摇地向着目标前进，总是可以渡过一个个难关的；相反，如果一个人心中没有目标，一旦风云四起、变幻莫测之时，就容易东一锤子西一棒子，整天忙忙碌碌，晕头转向，迷茫不知所措，结果自然没有一点儿成就。

一个具有高逆商的人，最明显的特质就是心中有目标。即便再怎么迷茫，他也会咬着目标不放，也要找寻属于自己的那道光。因为心有目标，所以无论外界的境地变化成什么样子，无论自身被现实摔打成什么样子，他的初衷和希望都不会改变，这种不变的信念是支撑他克服障碍、走向成功的必然路径。

美国纽约大都会街区铁路公司的总裁弗兰克，就是努力坚持，不忘初心以达成功的。谈及自己的成功时，弗兰克说："在我看来，对一个有目标的年轻人来说，没有什么是不能改变的，也没有什么是不能实现的。而且，这样的人无论从事什么样的工作，在什么地方就职，都会受到欢迎。"

50年前，弗兰克还是一个13岁的少年。由于家境贫困，他没上几天学便提早进入了社会，他要求自己一定要有所作为。那时候，他的人生目标是当上纽约大都会街区铁路公司的总裁。为了这个目标，弗兰克从15岁开始就与一伙人一起为城市运送冰块儿，同时不断地利用闲暇时间学习，并想方设法向铁路行业靠拢。18岁那年，经人介绍，他进入了铁路行业，在长岛铁路公司的夜行货车上当一名装卸工。尽管每天又苦又累，但弗兰克始终铭记自己的人生目标，并积极地对待自己的工作，他也因此受到赏识，被安排到纽约大都会街区铁路公司从事铁路扳道工的工作。

在新的岗位上，弗兰克感觉到自己正在向铁路公司总裁的职位迈进。在这里，他依然勤奋工作、加班加点，并利用空闲帮主管做一些统计工作，他觉得只有这样才可以学到一些更有价值的东西。后来，弗兰克回忆说："不知道有多少次，我不得不工作到午夜十一二点才能统计出各种关于火车的赢利与支出、发动机耗量与运转情况、货物与旅客的数量等数据。做了这些工作后，我得到的最大收获就是迅速掌握了铁路各个部门具体运作细节的第一手资料。而这一点，都没有几个铁路经理能够真正做到。通过这种途径，我已经对这一行业所有部门的情况了如指掌。"

但是，扳道员工作只是与铁路大建设有关联的暂时性工作。工作一结束，弗兰克就面临着离职的危险。于是，他主动找到了公司的一位主管，告诉他，自己希望能继续留在公司做事，只要能留下，做什么样的工作都可以。对方被弗兰克的诚挚所感动，调他到另一个部门去清洁那些满是灰尘的车厢。不久，弗兰克通过自己的实干精神，成为通往海姆基迪德的早期邮政列车上的刹车手。

在以后的岁月里，弗兰克始终没有忘记自己的目标和使命，不断地补充自己的铁路知识，废寝忘食地工作着。他每天负责运送100万名乘客，却从没有发生过重大交通事故，最终弗兰克终于实现了自己成为总裁的目标。

如果你是一个高逆商的人，那么你在乎的不会是前方到底还有多少未知的困难，也不会在意自己还要坚持多长时间，你只会在意自己是否在前进。

人生充满了迷茫，这一切都是混淆视听的干扰。为自己设置一个目标，也就是规划。不要去管眼前的迷雾，你只需记住脚下的路；不要去看远方的岔口，你只要记住心中的方向。无论是狂风还是骤雨，毫不放松地向着目标前进，最终你就会通过自己的拼搏赢得胜利，成为真正的胜者。

04.容天地一切万物，纵然天崩地裂

一个人眼界的大小反映了他的内心，而心的大小决定了你的人生态度。心量越大，烦恼越轻；心量越小，烦恼越重。心量小的人，容不得，受不得，负面心态一旦滋生，就会带来各种各样的负面情绪，如惧怕、自卑、恶毒、脆弱、敏感……它会蔓延到心中的各个角落，让你的每一步都如履薄冰……

打个比喻，若是你用老鼠的小眼睛去观察世界，那么你能够看到的东西就有限，而且一切东西在你的眼里都会被无限放大，那些本来不大的危险到你眼中也会成为致命的危机。

一只大老鼠躲在老鼠洞里不敢出来，它对小老鼠们讲："世界上最厉害的东西就是猫！猫是天底下最凶猛的动物，它们的爪子能一下子抓烂我们的骨头。遇到猫，我们一定要远远地躲开！"大老鼠一边说，一边瑟瑟发抖。

"不对啊！"一只小老鼠说，"我听人说，狮子才是世界上最厉害的！"

"猫就是狮子！"大老鼠说，"它们的毛，它们的爪子，它们的牙齿，让所有人都害怕！"

"他们真的是同一种动物吗？我看电视，狮子和猫不是一个样子。"小老鼠说。

"别胡说，让猫听到小心吃了你。"大老鼠叹气道，"我一直希

望自己也是一只猫，这样就可以什么都不怕，每天都有好吃的，不用东躲西藏。哼，猫真是幸福的动物，真让人看不顺眼……”

“可是……”小老鼠怯懦地低声说，“昨天我还看见那只猫被狗欺负……”

大老鼠并没有听到小老鼠的话，它仍然沉浸在对猫的嫉妒中，它什么也听不到。

俗话说：“一叶障目，不见泰山。”故事里的大老鼠畏惧猫，到了将猫当成狮子的程度。若是我们也如同这只大老鼠一样，用它的眼睛来看世界，那么困难就被塑造成了一个修罗的形象，致使对整个世界的印象也跟着这种心态被扭曲。恐惧会改变你的生活，它会让你草木皆兵，眼里、心里充斥的都是可怕的事情，而这些东西会让你忽视生活的美好，想的只有失败，最终将这种失败变成一种现实。

其实完全没有必要，为什么总要用老鼠的姿态去瞻仰猫呢？我们是人，没有必要将困难面前的自己按到尘埃里去。

困难是生活的常态，如果我们能从容处之，便能看到幸福，也会得到解脱。

老严是一位长途车司机，吃苦又耐劳，结果五年前被查出患了严重肾炎，家里人都心痛不已，犹豫着怎么跟他开口。从大家复杂的表情中，老严看出了端倪，但是他没有被吓倒，而是笑着说：“人总是要死的嘛，更何况我这把年纪了，没什么大不了的，该吃就吃，该喝就喝，好好活着。”

接下来，除了积极配合医院治疗之外，老严开始自我恢复。他每天都会变着花样去做自己和家人喜欢的饭菜，有时花上一下午时间熬一锅营养粥。他喜欢跳舞，于是报名参加了一个老年舞蹈团，天天去附近的公园练习跳舞，还参加各种演出。天气好的时候，他会在阳台晒太阳，他还会到湖边踏青，到林间漫步。

一段时间后，老严再到医院检查，结果大夫惊奇地发现他的肾炎并没有像预想的那样变得越来越糟糕，身体反而越来越好。原来老严在饮食上摄入了全面丰富的营养，他的免疫力得到了提高；跳舞或运动时一出汗，加速了血液循环，这些都有利于肾部保健。就这样，他不但奇迹般地把病治好了，整个人生都步入了一个新境界。

庄子倡导“心斋”，希望人们保持心境上的澄明状态，面对大风大浪，能够保持安稳，不把大事当作大事，不把小事当作事。其实世间的事细细想想，什么是大？什么是小？所有的判断都来自我们的内心。同一把盐，把它放在杯子里与放在湖里，你所尝到的咸味是不一样的。

一念之差，心的格局便不一样，可以细如微尘，也可以大如宇宙。

不错，当你用只有杯子大小的心胸去容纳事情时，它会占满你整个心灵；但如果你用海洋一样的心胸去容纳事情时，那些事情在你的心里就只是沧海一粟，也就不会引起情绪上的波动，那些消极情绪也就不会产生。如此，转机与幸运都会出现，任何困难都可以克服，任何麻烦都能化解。

不要用针眼儿大的心胸去看待生活，高逆商的人往往心量极大，容天地一切万物，纵然天崩地裂，放宽心，自从容。

05.越丑恶的毒瘤，越需要冷静的刀锋

对于人们而言，困境是需要战胜的。在困境面前，很多人选择了面对，但是低逆商的人在面对的时候却被焦躁占领了内心，不知该从何入手，只知前进，却不知如何前进；而高逆商的人会懂得欣赏磨难，用乐观的心态来看待磨难，这样一来，任何困境都成为一种挑战，激起人们奋进的勇气。

困境当前，不要着急，漫步雨中，有时也别有一番滋味。

有一个流传很广的小故事，天上下雨了，两个人都被淋湿了。一个人说："下雨了，赶紧跑吧。"另一个人却仍然不紧不慢地在雨中行走。

"你怎么不跑呢？"这人好奇地问道。

那个人不慌不忙地说："既然衣服都已经被淋湿了，往前跑前面也是在下雨，还不如好好享受雨中的感觉呢！"

这是一个不断加速的世界，人们的内心也变得越来越急躁。面对别人的责难，我们恨不得马上冲过去与人决斗；面对成功道路上的挫折，我们恨不能马上就一劳永逸地解决，但这从来就不是解决问题的最好办法。高逆商的人为什么能够成功，其中非常重要的一条就是：他们在问题面前镇定自若，有泰山崩于前而面不改色的气魄。

饭要一口一口地吃，路要一步一步地走，所有试图快速解决问题的方案到头来都会被证明是错误的。要想成功，必须要沉下心来一点

点分析问题。而逆商的核心，正是当遇到困难和挫折时，我们要认真思考，如何去克服问题，如何艰难前行……

很多人知道齐白石是著名的画家，但是很少有人知道齐白石对篆刻也有着很深的造诣。但是，他的这种造诣并不是因为他有很好的天赋，而是经过了非常刻苦的磨炼和不懈的努力，才把篆刻艺术练就到出神入化的境界。

齐白石在年轻时就特别喜爱篆刻，但篆刻技术总是达不到令自己满意的地步。于是，他转向一位老篆刻艺人虚心求教，希望能够得到快速提高篆刻技艺的窍门。这位老篆刻家对他说："你去挑一担础石回家，刻好了之后全部磨掉，磨完后再刻。等到这一担石头都变成了泥浆的时候，那时你的印就刻好了。"

齐白石是一个比较执着的人，听完后就按照老篆刻师的话一丝不苟地去做。他真的挑了一担础石来，夜以继日地练习。刻好了把它磨平，磨平了再刻，手上不知起了多少个血泡。

日复一日，年复一年，础石越来越少，而地上淤积的泥浆却越来越厚。最后，一担础石终于统统都被"化石为泥"的时候，齐白石的篆刻技艺也达到了大师水平。

所有的成功都需要耐心与执着，如果只是单纯地求急图快，不按照客观规律来解决问题，结果往往事与愿违。这就像一个人还没有学会走路，就企图开始跑步，那最后肯定是要摔跟头的。慢慢来，耐心一点吧，只有不急不躁、始终如一的努力，解决问题的道路才会变得宽广。

古时候，有一位商人。他离家在外，苦心经营多年，终于攒够了一笔财富，准备回到自己的家乡，与妻儿父母团聚。

由于当时的社会并不安定，路上常有劫匪横行。为了能够安全到家，商人身着一件旧布衣衫，一双平底布鞋，扮作一个风餐露宿的行路人。他把所有的钱都买了玉器，有道是“黄金有价玉无价”，他还为此特制了一把油纸伞，将粗大的竹柄关节全部打通，把珠宝玉器全部放入其中。身藏万贯家私，却貌似贫寒之士，他就这样轻轻松松地上路了。

这确实是一种很好的策略，一路上商人并没有遇到劫匪。在一个傍晚，天上下起了雨，他在一个面馆吃完面后歇息了一下。就在这不经意间，他猛然发现自己一直随身携带的雨伞不见了。当时冷汗就一阵阵往外冒，这可是他奋斗十几年的全部家产！

惊慌过后，商人开始仔细分析自己遇到的情况。他看到自己手里的小包袱完好无损，就大概能断定并没有人专门行窃。一定是有人只顾方便，顺手牵羊拿走了自己的雨伞。思索了片刻，商人有了自己的主意，他对面馆的掌柜说自己看中了这个小镇，请他帮忙在交通要道上租一个房子。商人说，自己也没有什么其他的技能，只会修伞。于是，一家门店极小的修伞铺在这个镇子上出现了。

远道而来的商人待人和气，心灵手巧，颇有人缘，人们都愿意把废旧的雨伞拿到他那里去修理。可是前来修伞的人谁也不知道这个小小的手艺人其实是腰缠万贯的富商，更无法体会他每天谦和的笑脸背后掩藏着一颗紧张焦灼的心。他每时每刻都在等待着那把油纸伞的出现，可是过了一段时间，经过他修理的伞成千上万，却唯独没有他想要的那一把。

一天，他接了一把非常破旧的伞，雨伞的主人漫不经心地说：“现在的一把破伞值不了几个钱，麻烦您给看看修理的话需要花多少钱。如果太贵的话就算了。”言者无意，听者有心。一句不经意的话启发了商人：自己的那把油纸伞恐怕也破得不能再修了……于是，为了能够尽快找到属于自己的那把雨伞，商人又想到了一个好办法。

第二天，修伞铺里张贴出了一条新的广告：所有的油纸伞以旧换新。这一下子就议论开了，虽然大部分人并不知道这位外地的修伞小贩葫芦里卖的什么药，但是一时间，人们纷纷拿出家里的旧伞到这里来替换新伞。没过多久，商人的小铺里来了一位中年人，而他手里拿着的伞正是商人曾经丢失的那一把。

商人忍住内心的狂喜，仍然不动声色地收下了那把看似已经很破旧的纸伞。他转身在店里挑选了一把最好的雨伞，然后慢慢关上了店门。商人打开了伞柄，看到了他全部的玉器。第二天，商人的修伞铺很晚也没有开门，人们打听过后才知道这里早已经人去屋空。

这个商人的沉着、冷静与睿智确实让人敬佩，而这也是所有成大事者所共有的特性。孟子有言：“夫勇者，骤然临之而不惊，无故加之而不怨。”在遭遇突发问题的时候，高逆商的人往往能保持冷静和理智，如此才能迅速地分析处境，想办法控制住局面，把可能受到的伤害程度降到最低。

面对问题，惊慌失措不仅不能很好地解决问题，还有可能传递一种悲观的气氛。一味的慌乱只能让事情变得更加复杂。不要急、不要慌、不要乱，静下心来想解决问题、脱离险境的办法，这样的高逆商必能迎来大成功。这就像做一场手术，越丑恶的毒瘤，往往越需要冷静的刀锋。

06.用脚步去丈量你要看的天地

一个人要实现自己的理想，光靠想不行，还需要付出行动。在梦想面前，若想提高成功的概率，就应该稳扎稳打，这样比贸然前进要好很多。但是很多人不懂得这个道理，总梦想着一夜之间就成功，总希望碰到好运就能出人头地，这样的人往往最终会被现实无情地取笑。

西方有一则寓言：一个小男孩提着篮子去田间捡蘑菇，捡到一个后就想：下一个可能比这个还大。于是，他丢弃了这个再去捡，但下次捡到的反而比前一个更小。他当然不甘心，总想要捡到一个最大的，于是扔了再去捡。就这样，扔了又捡，捡了又扔，一直等他捡到田边，篮子里还是空空的。

这种“捡蘑菇”的心境大多数人都经历过，我们常会有好高骛远的心态，不自觉地给自己戴上望远镜，盯着很多很远的目标。结果小事瞧不起不愿做，但大事想做却做不来，或者轮不到自己去做，最终英雄无用武之地，落空而归，一事无成，梦想化作一缕清风无处寻觅，空有抱怨，空有妒忌。

确实，这个世界上不乏奇迹，有些人是偶然间获得成功的，但这并不代表大部分人。纵观大部分成功人士，他们的成功都不是偶然的。虽然在你看来他们可能轻轻松松就成功了，但在那之前的辛苦你看不到，这些人往往积攒了十几年的力量，拥有了一个坚实的基础，临门一脚才获得了最终的成功。

谁不渴望成功？问题是鲜花与掌声的背后，我们有没有踏实肯干的决心。我们对自己抱有期望是应该的，但不该对自己抱有过高的期望。毕业后进入公司从基层做起才是常态，没有人生下来就是将军命。脚步和你心中的速度相匹配，你才能前进。若是心走得太远，脚步跟不上，那你就会在梦想与现实当中挣扎，走不出困境，更不要说获得成功了。

这个道理很简单，一个大目标是由很多小目标组成的，很多的小目标汇集在一起就是一个大目标。实现一个大目标，实际上就是去做那些小事情，只有把小事情做好了，实现了小目标，通过一点一滴的积累，才能最终实现大目标。古人曰“不积跬步，无以至千里；不积小流，无以成江海”，说的正是这个道理。

一年前，小张跟几个老乡一起来到了县城里的一家汽车修理厂工作。小张是一个心高气傲的人，他觉得自己应该去大城市闯荡一番。所以，从进入修理厂的第一天开始，他就总是不断地抱怨：“这个工作真是脏，每天都弄一身油。”“这根本就不是人干的活儿。”……小张每天都抱怨着，他说自己仿佛回到了奴隶社会，每天出卖苦力维持生活，他觉得这样的生活就是一种煎熬。因为对工作缺乏热情，他时刻都窥视着师傅的一举一动，只要稍有机会，他就会偷懒，应付工作。

很快一年就过去了，与小张一同进厂的几个老乡手艺都长进了不少，还有一个老乡被送进夜大进行深造。只有小张，还整天沉溺在怨声载道中。终于，他因为心不在焉，对客户的车维修不到位，致使修理厂蒙受了巨大损失，被老板解雇了。而他的那几位老乡因为修理厂扩大规模，成为厂里的精英，薪水翻了一倍。

面对工作，不能做到脚踏实地，就会不断地“吐苦水”，就像小张一样，有着自己的梦想，却无法用实际行动来实现，而且还把当前的工作弄得一团糟。结果他越抱怨，对于解决问题不仅无益，反而有害，还会导致焦虑和抑郁等负面情绪，渐渐地湮灭了内心仅剩的一点点快乐。

分析小张的经历，我们能够发现，他是典型的“眼高手低”：整天对工作抱怨不休，对环境心生疑虑，对同事心存鄙夷，总把自己摆在很高的位置，认为自己做什么都是对的，从来没有想过俯下身子去努力。同样的不如意，小张的老乡们却能在其中找到出路，不断提高自己的能力，这正是高逆商的表现。

不能踏实地做人做事，就无法改变“倒霉”的现状。有些人总想摆脱现状，却总是更深地陷入在泥沼里。那么他们身上欠缺了什么？很明显，缺乏的是脚踏实地的决心。

无论你遇到什么苦难和挫折，仍然脚踏实地向前走，才能使逆境成为成功的“垫脚石”。所以，不要小看目前做的任何事情，无论做什么事情，哪怕是常人难以忍受的事情。只有脚踏实地地走好每一步，才有可能厚积薄发，迈向美好的明天。

李蕴从北京一所高校毕业后，进入了一家出版社工作。刚开始的时候，他的职位是秘书，主要的任务就是做一些芝麻大的小事。李蕴心里很明白，自己是新人，没有工作经验，多吃点儿苦理所当然。所以，他在工作之余常常勤快地打扫办公室，给主编端茶倒水，也给其他编辑做一些额外的工作。可是大半年过去了，社里还没有让他做编辑的意思。

面对这种情况，李蕴开始怀疑这份工作的意义了。他想，自己是从名牌大学出来的，难道就只能做这些乱七八糟、毫无意义的琐事吗？他开始在私下里跟朋友抱怨，打算等合同期满后马上走人。此后，他在工作中明显浮躁了很多，表现得非常不认真，主编吩咐他做的事情，他也只是敷衍了事。

一次，李蕴遇到同学小韩。小韩也在一家出版社工作，可如今人家已经是一名策划编辑，主编对他很是器重。

当李蕴又开始抱怨时，小韩对他说："刚开始我跟你一样，做的是秘书工作，其实也是一名打杂工，但我从不抱怨，相信努力工作一定可以做出一番成绩。我觉得你目前最主要的是把这份工作做好，总有一天你会受到重用的。"

小韩的话让李蕴记在了心里，他开始试着去停止抱怨。每当想要发牢骚时，他就会通过各种方法努力让自己平静下来，用心去对待手头的工作。渐渐地，李蕴感到浮躁的心态已经越来越少，取而代之的则是工作的喜悦。他这才意识到，其实这样的工作，一样可以学到东西。

心态的转变，让李蕴有了明显的进步。没过多久，主编就让他尝试做编辑的工作，结果李蕴很出色地完成了任务，主编就让他正式成为一名编辑。

李蕴从一名打杂工晋升为编辑，主要是他能脚踏实地地工作。结合李蕴的同学小韩的经历，我们可以看出，脚踏实地的人有三种品质：第一，耐心；第二，不抱怨；第三，吃苦耐劳。人生总是充满挫折和痛苦，我们只有培养自身的逆商，学着脚踏实地地去面对，才能获得更多的成功机会。

也许有人会问，脚踏实地地工作，我们什么时候才能成为成功者呢？其实，成功者大多是从最底层工作开始做起的，有的摆过小摊，有的推销过产品，还有的进过工厂车间。但是他们的一大共性就是——无论做什么，都能脚踏实地地将本职工作做好，在平凡的工作中取得出色的成绩。

这个世界上从来就没有什么“世外桃源”，想看的天地需要你用脚步去丈量。也就是说，任何事情的完成都需要一个过程，千万不能好高骛远、眼高手低，等待天上掉馅饼。作为一个有责任、有理想的人，踏踏实实地去做，不断地去解决问题，不断提高自身能力，到时你自然能得偿所愿。

07.对自己越狠的人，活得越强悍

想要征服一座山，先要征服你自己。

“如果不能逼迫自己，你就很难改变你的人生。”第一个征服珠穆朗玛峰的新西兰人埃德蒙·希拉里如是说，“我真正征服的不是一座山，而是我自己。”

逼迫着自己去行动、去奋斗，这是许多高逆商者的共同选择。

在美国，“钢铁大王”安德鲁·卡内基的名字是一个传奇，他是白手起家的成功商业精英的典范，而这一切都来自他处事果断干练，对自己够狠。

1865年4月，美国南北战争结束了，联邦政府与议会核准联合太平洋铁路公司，提出了数十条铁路工程计划。此时，29岁的卡内基是宾夕法尼亚州铁路公司西部管区的主管，也算是少年得志，但是他预见到美洲大陆钢铁时代的来临，毅然辞职，拿全部财产当赌注，成立了卡内基钢铁公司。

由于公司需要大量的资金周转，卡内基又鼓励员工们拿出自己的积蓄，有的甚至把自己留作养老的钱也倾囊而出……一位中层干部说：“可以说大家连买棺材的钱都拿出来了。”在大家的努力下，公司共筹集了一千多万美元。卡内基这样告诉员工们：“这是一场没有退路的战争，我们只能成功，不能失败。”

所有人搭上了全部家当，如果不拼死一战，就只能全家跟着露宿街头了！就这样，在卡内基的带领下，员工们一个个奋力拼搏、勇往直前，不断改进钢铁生产技术，降低成本，并且建立起一个囊括整个生产过程的供、产、销一体化的现代钢铁公司，后来又将它变成了世界上最大的钢铁企业。

优秀都是逼出来的，成功都是逼出来的。

逼自己，对自己未免太不客气，但为了砥砺自己，我们也只好如此。身为万物之灵长，我们有着可贵的自觉与主动，同时也潜藏着顽固的惰性，我们常常随遇而安、不思进取、无为度日、自我姑息。要祛除这一顽症，只能求助我们自己，“灵丹妙药”就是逼自己，开发出更强的意志力和自制力。

两年前，何鹃成了“北漂族”中的一员，刚到北京的新奇感很快就被窘迫的生活所替代。她租住着廉价的出租屋，灯光昏暗，过道狭窄，房间简单得只能放下一张床和一张桌子，糟糕的隔音效果更使得她常常失眠。之后，她开始经历各式各样的笔试、面试，历经半个多月才找到一份工作。但她每天的工作任务繁重琐碎，端茶倒水、收发快递、整理材料、更新电脑……而且实习期工资少得可怜。更可悲的是，办公室里都是上了年纪的大妈大叔，每天谈论的话题都是东家长西家短等琐事。

那段时间何鹃的生活和工作一团乱，既不能在工作中得到满足，又要为了生计节衣缩食，她根本不敢想象自己10年后、20年后会成为什么样子的人。为此颓废了许久以后，何鹃觉得既然改变不了生活，不如从自己下手，“逼自己一把，万一能改变呢”。接下来，何鹃开始积极尝试着融入自己的工作状态，开始逼着自己在工作上精益求精，力求把每一件事做到最好，逼着自己没日没夜地工作。无论多晚回家，她每天都规定自己必须看两个小时的书，写一小时的工作随笔。她甚至报了班，利用周末时间充电学习。

刚开始，朋友们都认为何鹃根本做不到，因为她不仅工作任务重，生活里也是一地鸡毛。每天像陀螺一样连轴转，哪还有精力和时间去提升自己？但无论多忙，何鹃也总能抽空做完该做的事；无论发生什么事，都很难打乱她的节奏。当大家称赞她有毅力时，何鹃却诚实地回答："下班后，我也想刷微信、逛网店，但一下班我就将手机关了，连看都不看手机，从根源上杜绝了自己沉迷其中、无法自拔。我把每天的时间安排得满满的，就是不给自己创造任何偷懒的机会。"

半年后，何鹃得到了领导的赏识，并得到了重用，工资翻倍，事业一片光明。

"温水煮青蛙"实验的关键是：要在锅上盖上盖子，防止青蛙跳出来，这样才能煮死青蛙。而我们一旦成为实验中的青蛙，又不能奋力逃出慢慢煮沸的温水，那么最后只有死路一条。想要走出现实的无助和迷茫，就得逼自己拿出勇气与决心，毫不犹豫地切除惰性，如此才能置之死地而后生。

是的，现实是无情的，竞争是残酷的，自己不努力去哪里找未来？为了让自己变得更出色，也为了充分发挥自己的潜能，我们唯有培养自己的逆商，通过艰辛而残酷的自我锤炼，实现从平庸到优秀的转变。哪怕摔得头破血流，也要一点点变好和变强，事业、生活、爱情方面都是如此。

逼自己，最终的目的是战胜自己身上一切不和谐的东西。狠狠收起曾经的固执任性，勇敢地坚持独立成长；狠狠面对生活里的寒冷，当痛苦压得左肩担不住了，就换到右肩继续担……逼自己时，你会发现自己身上竟蕴藏着如此丰富的潜力，就如同火山内部沸腾的岩浆，随时准备着喷薄而出。

只有狠狠地逼自己一把，你才知道自己到底有多强悍。

辑五
你才是答案，活出独一无二的自己

在生活的摸爬滚打之中，我们要时刻做自己的后盾，始终坚持自强自立，学着靠自己去争取。当一个人变得自强的时候，眼神坚定又纯净，周身将散发出强大的力量。

01.你不必自卑，你是自己的王

英裔美国作家托马斯·潘恩曾经说过：“自卑是美好生活的天敌，它会使一个美丽的人变得无比憔悴，它会使本该幸福的人变得焦躁不安。我们只有消除自卑、战胜自我，才能让自己的生活更美好。”

如其所说，自卑确实是幸福生活的“克星”。

我们不否认，在生命的旅途中，总会遇到挫折和不幸，很多时候我们会因此而感到失望和悲观，感到自卑和彷徨。但客观地审视自己才是一个强者的行为，若是一味地自怨自艾，那么就会越来越看不起自己，被自卑控制。强者应该控制自己的内心，站在一个客观的角度审视自己，遇到问题分析问题，而不是贬低自己。唯有发现问题后振作精神，保持一股奋发向上的劲头，才能在困境中找到转机。

新研是一个25岁的漂亮姑娘，在一家民营企业从事财务会计工作。但由于家境贫寒，新研从小就很自卑，不太合群，朋友也非常少。

毕业到现在已经三年了，新研一直处于不断找工作、换工作的状态，造成这种现象的主要原因就是新研的人际关系问题。因为新研不合群，公司领导都认为新研没有团队精神，工作不积极，所以一般试用期一结束，公司就把她辞退了。

这样恶性循环，新研的自信与自尊差不多已经被消磨得所剩无几，自卑感越来越强烈。公司的同事也觉得跟新研在一起很压抑、很沉闷，都不怎么愿意和新研说话、交往。

就这样，新研逐渐变得越来越麻木，对什么都提不起兴趣，就知道整天对着电脑，让自己沉浸在虚拟世界里，年纪轻轻的却一点朝气和活力都没有，脸上整天都没什么表情，反应也变得越来越慢，记忆力下降。

对此，新研感到很痛苦，觉得自己很失败，一点前途都没有，甚至还动过自杀的念头。显然，新研已经被自卑情绪控制了，她不再想要改变，而是选择了此沉沦。

其实，现实中像新研这样因为家境、身世、能力、外貌等方方面面而自卑的人估计不在少数，然而有些人如新研一样，关闭自己的内心，不愿与别人交往，只能是越来越自卑，生活黯然失色；而有的人却可以走出自卑的阴影，乐观积极地去面对生活，而这两种行为正是低逆商与高逆商的区别。

就如“世界上没有两片完全相同的叶子”一样，世界上也没有两个完全相同的人，每个人都会有自己的长处和短处。人的自卑感的存在和产生，并不是由于自己在能力或知识上不如别人，而是由于自己不如别人的心态和感觉。低逆商的人总是耿耿于怀于自己的缺点，而看不到自己的长处。

伟大的哲学家苏格拉底知道自己将不久于人世了，他想在临终前了却自己的一个夙愿——找一位优秀的关门弟子。他把这个任务交给了他多年的得力助手来办，时间是半年以内。

苏格拉底想考验和点化他这位平素看来很不错的助手。他把助手叫来说：“我的蜡烛所剩不多，得找另一根点下去，你明白我的意思吗？”

他的弟子答道：“明白。您的思想光辉要很好地传承下去……”

“可是我需要一位最优秀的弟子，他要有相当的智慧，还要有充分的信心和非凡的勇气……可是这样的人我到目前还未找到，你帮我挖掘一位好吗？”

“好的，好的。”他的助手非常尊重地说。

从此以后，这位助手不辞辛劳地通过各种途径寻找苏格拉底心目中的人选，可是领来的很多个他认为可以满足苏格拉底意愿的人都被苏格拉底谢绝了。

时间一天天过去，这位助手无数次地无功而返，苏格拉底也病入膏肓。他硬撑着坐起来扶着助手的肩膀说：“辛苦你了，不过，你找来的那些人其实还不如你。”

这位助手不以为意，满含愧疚地说：“我一定加倍努力，既便找到天涯海角，找遍五湖四海，也要把那位最优秀的人挖掘出来。”

此时，苏格拉底不再言语，只是苦笑，而眼看他就要告别人世了，最优秀的人选还是没有找到。助手泪流满面，羞愧地说：“我真对不起您，令您失望了。”

“失望的是我，对不起的却是你自己。”苏格拉底说完，失意地闭上眼睛。良久，他又不无哀怨地说：“本来最优秀的就是你自己，可是你不敢相信自己，把自己忽略、耽误、丢失了……其实每个人都是最优秀的，关键是如何发掘自己、认识自己、重用自己……”

苏格拉底永久地闭上了双眼。看着他临终前失落的眼神，想着他带着遗憾的话语，这位助手非常后悔，甚至自责地过完了后半生。

这个故事告诉我们，其实每个人自己都是最优秀的，关键是如何认识自己。不得不承认，我们在谋求发展的道路上，不免会遭到冷落，不被赏识。但是任何时候、任何境遇，你都没有必要自卑。

真的，在这个世界上，我们每一个人都是独一无二的，都有自己的独特优势，也都有自己的不足。我们要相信自己有价值，要相信这个世界上总会有一个适合自己的位置。要相信自己是最棒的，坚持在自己规划的人生道路上走下去，充分发挥自己的潜力和优势，实现自己的人生价值。

那些高逆商的人之所以总是活得比常人好，就在于他们往往不会去考虑自己哪些地方比别人差。当然，他们并不是妄自尊大，只是他们不会严苛地对待自己，懂得发自内心地喜欢自己，矢志不渝地相信自己。喜欢自己，这是对自己最好的安慰；相信自己，这是对自己最好的奖励。

伟大的科学家居里夫人曾经说过："生活对于任何一个人都非易事，必须要有坚忍不拔的精神，最要紧的，还是自己要有信心。我们必须相信，我们对一件事情是具有天赋的，并且无论付出任何代价，都要把这件事情完成。当事情结束的时候，你要能够问心无愧地说：'我已经尽我所能了。'一个人只要有自信，那么他就能成为他所希望成为的人。"

02.我不讨好任何人，我只讨好自己

如果留心观察身边的人，我们会发现，有些人只专注于做自己的事情，精神饱满，意气风发；而有些人却习惯东瞅西看，整天忙忙碌碌，却毫无成就，了无生趣。这本是智力相近的一群人，为何他们的生活却有天壤之别？这是因为，后者不清楚自己的人生目标，又太在乎别人的眼光，一味地讨好别人，东一锤子西一棒子，结果像离群的孤雁，像迷途的羔羊，只能在迷茫、焦躁、苦闷中煎熬着。

有这样一个人，他一心一意想升官发财，可是从风华正茂熬到斑斑白发，却还只是一个不起眼的公务员。他整天郁郁寡欢，每次想起自己的一生就掉泪，有一天竟然号啕大哭起来。

一位新同事刚来办公室工作，见此场景觉得很奇怪，便问他为何如此难过。他回答道："唉，你有所不知。年轻的时候，我的上司爱好文学，我便学着做诗、写文章，想不到刚觉得有点儿小成绩了，却又换了一位爱好科学的上司。我赶紧开始研究物理，不料上司嫌我学历太低，还是不重用我。后来，换了现在这位上司，我自认为文武兼备，人也老成了，谁知上司喜欢青年才俊，我……"

"我一直想得到上司的欣赏和重用，为上司们活了一辈子，但是……"说着，这个人又禁不住地哭泣起来，"如今我年龄渐高，过不了几年就要退休了，但是却一事无成，你说我怎么不难过？"

在生活中，充实自己是必须的，但你应该知道自己真正需要的

是什么，而不是别人需要些什么。人不能太自我，但是也不能没有自我，只知讨好别人、为别人而活的人，生活必将索然无趣。看上去这样的人应该左右逢源，但事实上没有一点儿个性的人很难得到别人的器重。就像故事中的人那样，处心积虑地讨好上司，结果生活索然无味、苦不堪言不说，最终也没能得到重用。

美国著名心理学家马斯洛认为，每个人都有归属和自尊的需要，即每个人都希望能得到别人的认可，希望别人给予自己肯定和积极的论述。这本无可厚非，但如果为此费尽心机，小心翼翼行事，则很容易搅乱自己的心智，失去原有的目标和方向。更何况，每个人的主观感受不同，对于同一件事情，不同的人会有不同的看法。即使我们千般小心万般在意，也照样无法赢得所有人的欣赏。

在现实生活中，你是否常常遇见这样的事情：当你做了一件善事，引起身边的人注意时，便会听到各种截然不同的评论。张三会说你做得好，是活雷锋，或者大公无私；但李四却会说你野心勃勃，这样做是爱表现，只是为了一心想往上爬；上司也许会赞扬你有爱心，值得表扬；下属则会说你是在“作秀”……

我们必须认识到，无论你做什么，你准备怎么做，都必定有人对你表示支持，有人对你感到失望。一个人的价值并非取决于别人的评价，而完全取决于自己的态度，也就是你怎样评价自己。而所谓的高逆商，就是无论别人如何评价，只需确定内心真正的追求，活出自己真实的样子。

玛莎夫人从小就是个怕羞的人，她的妈妈很守旧地认为女孩子不需要穿多么漂亮的衣服，只要穿着宽松舒适就可以了，就是自然美。所以，玛莎夫人一直穿着朴素，很少与同龄人一起相处，也很少参加聚会，她常常觉得自己不受人欢迎。

后来，玛莎夫人嫁给了一个比自己年长几岁的男人。婆家是一个平稳而自信的家庭，他们总是喜欢唱歌、跳舞，热情开朗。玛莎夫人担心大家不喜欢自己，因此她开始努力地改变自己，希望能和大家一样。

但是，玛莎夫人不擅长于此，她表现得太活跃，显得有些虚伪和做作。她认定自己是一个失败者，感到无比沮丧，变得喜怒无常，甚至想到了自杀……但是，玛莎夫人没有自杀，后来她反倒真的像变了一个人。这一切，都源于她与婆婆一次偶然间的谈话。婆婆谈到自己活得开心快乐、受人欢迎的经历时，对玛莎夫人说道："无论别人喜欢什么样子的人，我都坚持做我自己。"

"坚持做自己"—— 终于，玛莎夫人从困境中明白过来，原来自己一直都在勉强自己去讨好别人，充当一个自己不大适合的角色。于是，她决定自由地支配自己的内心，再也不去讨好别人。为此，她开始寻找自己的个性，观察自己的特征，她挑选适合自己的服饰，并试着参加一些小组活动，并发挥自己温柔善良的天性。

渐渐地，玛莎夫人终于发生了变化，她感到快乐多了，越来越多的人开始喜欢她，这是她以前做梦也想不到的。此后，她还把这个经验告诉了自己的孩子们：无须别人替自己做主，更不用去讨好别人，你们要坚持做自己。

身体是自己的，生命是自己的，灵魂是自己的，人生也是自己的。别人的目光纵有千千万，也比不上自我对心灵的诚实。不必太在乎别人的眼光，不必一味地去讨好任何人，坚守清晰的人生目标，活出自己真实的样子，才能引领自己走出黑暗，走向光明，这才是泰然自若中的华彩。

事实上，在我们周围，能够真正关注你的，就那么寥寥几个。有一句话说：“20岁时，我们顾虑别人对我们的想法；40岁时，我们不理会别人对我们的想法；60岁时，我们发现别人根本就没有想到我们。”

例如，你在路上不小心摔了一跤，你当时一定很尴尬，认为全天下的人都在看着你。但是你如果站在别人的角度考虑一下，就会发现，其实这件事只是他们生活中的一个小插曲，甚至有时连插曲都算不上，他们没有多少时间把注意力集中在你身上，顶多哈哈一笑，然后就把这件事忘记了。

世界很大，我们很小。认识到自己在别人眼里不重要，这确实会让人有点儿失望，但同时对你来说也是一种解脱。我是我，别人是别人，别人没时间关注我，我也没时间关注别人。我有太多事要做，凭什么我要让别人来控制我，难道别人比我自己还重要吗？学着将注意力慢慢转移到自己身上吧。

唯有这样，才能让心灵发出更为笃定的力量，永远不会迷失自己，演绎出自己的特别人生，并从中品尝到自由的喜悦。

03.不要让梦想，毁在“诸神”嘴里

当你兴高采烈地说着你的梦想、说着你的想法、说着你的计划、说着你的发现时，你会发现，总会有人或嗤之以鼻，或忧心忡忡，他们说着或丧气、或劝告的话，试图说服你相信，你根本达成不了这个愿望。他们告诉你，你的愿望太空太大，你根据不具备这种能力，他们用各种各样的理由攻击你，让你放弃。

相信很多人都有过类似的经历，无论什么样的愿望，都不缺乏反对者。事实上，这个世界上恐怕不会有任何一个愿望能够获得他人的一致拥护。幸好，你并不是在参加选举，他们的反对票影响不了你的决定，只要你不放弃，谁也拿你没办法。你只需要很酷地告诉他们：“你反对？没关系，我赞成！”

如果你喜欢阅读成功人士的故事，你会从中发现一个有趣的规律：越是成功的人，在做令他如此成功的事情之时，所遇到的反对者往往越多。愿望与阻力简直成正比，愿望越大，周边阻力也就越大。但是，他们往往选择视而不见、充耳不闻、默默前行，然后用行动向众人证明自己。

美国有一个电视节目专门采访成功人士，这一周的嘉宾是来自德克萨斯州的一位颇具传奇色彩的农场主。他出生在平民家庭，只受过小学教育，起初就在家附近的农场里打工。谁也不曾想到，二十几年后，他会成为一个拥有土地和财富的农场主。

谈话有条不紊地进行着，农场主讲述了他的创业经验，和所有成功者一样，他的经验同样是苦干加动脑。这时，主持人问了他一个问题：“对你一生影响最大的人是谁？”

农场主说：“是我小学时的老师，我一直记得她。”

农场主讲起了幼时经历的一段往事。那时候，他们全家刚刚搬到德克萨斯州，他读小学二年级。一次，女老师要求学生们以《我的未来》为题写一篇作文。他在作文中写道：“长大后，我就是德克萨斯州最有钱的农场主。”

作文交上去后，女老师叫他去办公室，对他说：“你应该有合乎实际的人生目标，而不是好高骛远、胡思乱想。看看你的同学们写了什么，教师、医生、护士，这些才是踏实的愿望。现在你把这篇作文拿回去重写，明天交上来。”

农场主从小就很倔强，第二天，他把作文原封不动地交了上去。女老师看后很生气，对他说：“你这个孩子怎么这么不听老师的话？我听校长说，你家里连学费都交不齐，你的成绩又不好，你怎么可能成为一个大农场主？”

尽管老师一再要求，他就是不肯改。没多久，女老师调到其他学校任教，但这件事依然久久地印在他的脑海中。

因为家里贫穷，他终究没能读完小学，就开始在附近农场里当工人。他始终记得那位女老师嘲笑的态度，以及她说的那句：“你怎么可能成为一个大农场主？”这句话就像一条鞭子，时时鞭策着他，让他比其他人更努力。

“那么，如果你有机会再次见到这位老师，你会对她说什么？”主持人问。

“我会感谢她，她的话的确伤害过我，但没有这种伤害，我也许会成为一个得过且过、安于现状的人，是她的反对坚定了我的决心，成就了现在的我。”

自以为是的人总喜欢参与他人的人生，因为他们认为自己深具智慧，惊讶于有人竟然不顾他们的反对，自行其是。对于这样的人，你为什么要在乎他们的意见？

忧心忡忡的人总会跟你陈述各种理由，让你知道失败究竟有多么可怕。此时，低逆商的人或者会放弃自己的追求，使自己停留于一般和平庸；或者会缩回刚刚施展开的手脚，压抑自己的抱负和理想；也有些人会暴跳如雷、反唇相讥，甚至可能陷入一场使心智疲惫又毫无意义的纠葛中。

高逆商的人却从不畏惧他人的反对，他们从不相信任何人口中说出的“不可能”。生命是一个漫长过程，而非一个结局，哪怕最终走向失败，也总比不曾拼、不曾闯要来得有意义。别让那些反对票左右你的人生，拿出你的智慧，展现你的定力，勇敢地对那些反对者高举赞成的旗帜。

科学是中性的，但也曾被深深打上了性别的烙印。其中，伟大的物理学家居里夫人就忍受了难以想象的性别歧视，在科学路途上走得相对艰难。刚取得索邦大学的学位时，年轻的玛丽曾申请回波兰克拉科夫大学从事科研工作，但很快被校长拒绝，理由是女性先天能力不足，在科学领域存在劣势。不过，居里夫人没有就此放弃在科学道路上的探索，她坚持只要女性向这个目标努力，就能做出一番成绩。

但是许多人对此心存质疑，他们认为女性不可能在科学领域做出成就，甚至有些人出自好心地劝说居里夫人尽早放弃。不过，居里夫人没有被那些冷言冷语打倒，而是凭其独立坚强的个性、强悍的意志，无畏挫折地继续投入科研工作。最终，她卓越的科学成就获得世界瞩目，其无私贡献的工作成果造福了许多人，她成为第一位获得诺贝尔奖的女性，并先后两次获得此荣誉。

总结自己的一生时，居里夫人说："生活对于任何一个人都非易事，我们必须有坚忍不拔的精神，最要紧的，还是我们要坚持自己的信念。我们必须相信，无论别人怎么说，我们付出任何代价都要把这件事完成。"

当自己的梦想被告知是白日做梦时，当自己的努力被贬低得一文不值时，居里夫人没有轻易放弃或者怀疑人生，也不被别人的言论所左右，坚持自己的科学梦想，并勇敢坚定地朝着这个方向走着。毫无疑问，她是一个具有高逆商的人，最终这种力量也促使着她走过了艰难岁月，迎来了人生的辉煌时刻。

我们此生不一定要干大事、成大业，但一定要知道自己活着的意义，一定要对自己所走的路保持清醒的头脑，坚守清晰的人生目标。他人的言论，我们可以用耳朵去听，但绝不可以用心去徘徊。最主要的是你的判断，如果你觉得一件事情想要或值得去做，那么无论对方是谁，无论对方看好不看好、支持不支持，你就该义无反顾地去做。大声地告诉所有人："你反对，不要紧，我赞成！"

你的自信心，你的能力，周围的一切资源，都会在你切切实实的行动中为你提供无穷的动力。当付出十倍甚至百倍的努力，当有一天实现了自己曾经的目标，再回头看，你会发现，你已经用实际行动向别人一步步证明了自己，你已经用事实告诉他们，你的人生究竟是怎样的精彩纷呈。

04.别低头，脖子会断，王冠会掉

很多时候我们都被告知要客观地看待自己。那么怎样看待自己才算客观呢？要是自视过高，就容易被看作傲慢，那就将自己看低一点吧，这样在别人眼中或许就是谦虚。殊不知，正是这样的想法会害了自己。在这世上，自我贬低是最具破坏力的，很多人因为贬低自己而变得越来越自卑。

他是某公司的董事长，但他从心底里认为自己只是运气好些。他出生在一个贫困的农村家庭，没有任何背景；他中学时便辍学打工，没有上过大学，没有受过高等教育；他长得普普通通，普通话说得也不标准……作为董事长的他感到不解："我只是一个无足轻重的人，有什么资格当董事长？"

每天上班时，他总是蹑手蹑脚地走进董事长办公室，他不想引起别人的注意，也觉得自己不能进入这里，就好像自己完全不胜任董事长的职位。下级们向他请示工作的时候，他总觉得惴惴不安，因为大部分人都比他学历高、家境好。他像一个无足轻重的人那样立身、行事、处世，大错小错不断，威信低且不受人尊重。这让他更加确信："我没有资格和能力做董事长，这是一个事实。"

其实，我们更需要高看自己一些。在做任何事情之前，如果我们以征服者的心态暗示自己，相信自己将来会有所成就，并对其充满信心，便能将自身潜能一点一点激发出来。要知道，我们每个人的身体里都有一股神奇的力量，让这股力量激励我们与自己的目标相配合，我们便能主宰自己的命运。

反之，如果我们总是自我贬低，用消极的心态进行自我暗示，那么无疑是打击自己的自信心，我们的潜能便会自动隐匿在身体的某个角落，永远不会出来，那么神奇的力量自然就得不到发挥和利用，成功也难。

总之，积极和消极这两种不同的心理暗示，对我们的思考行径和具体行为会造成不一样的影响。正是这两种不同的心态，造成了世界上人与人之间的差别。

有个小女孩，她的左额头上有一块儿小伤疤，她常常为此感到自卑。于是，她不愿意和别人做朋友，也不愿意和别人打招呼，每天心情都很低落。

一天，她的妈妈送了女儿一只漂亮的发卡，并且告诉女儿这个发卡正好挡住了那块伤疤。女孩对着镜子一看，果然如此，于是，她立刻觉得自己漂亮了很多，就这样，高兴地上学去了。就在家门口，她刚出门就和对面迎来的人撞上了，但是，她笑着主动对人家说“对不起”。

可以说，在这一整天里，小女孩一想到自己头上的发卡已经将那块伤疤挡住了，就十分开心，她主动和同学们打招呼。与此同时，她在课堂上还很认真。

“妈妈，你送给我的这个发卡实在太神奇了！我今天感觉很好，从来没有过这样的感觉。”回到家里，小女孩便兴奋地和妈妈说。紧接着，她又告诉了妈妈当天在学校里发生的一切。

妈妈愣了一下，说：“你能有这样的改变真是好事。不过，女儿你今天并没有戴这个发卡啊，早晨等你走后，我在门口捡到了它！”

小女孩的故事告诉我们这样一个哲理：一个人完全可以由不自信转变为自信，其中能起重要作用的则是，以积极的心态进行自我暗示。正是挡住伤疤的那个发卡，让小女孩一直想着自己不再是那么丑陋，从而也让自己增加了自信，随之，身边的一切人和事也都跟着变得美好起来。

爱默生说：“如果一个人不自欺，他也不会被别人所欺骗。”一个高逆商的人，从不自我贬低，而是总能对自我和生活做出积极的、实事求是的评价。他们对“自我暗示的神奇力量”了如指掌，也善于运用、总能提高自己的自信心，让自己有一个良好的心理状态，如此便能不断提高自身的品质。

在拳王阿里小的时候，他的家人给他买了一部自行车。于是，他每天都骑着它出游，每天过得都很开心。一天，阿里将自行车存放在了警察局门口，但是没有给它上锁，没想到，等他出来以后，新车却被人偷走了。

正当阿里为此烦恼的时候，他的警察朋友提出教他拳击，并对他说：“以后，你每遇到一个拳击对手，你就不妨将对方当成那个偷车之人。”

阿里当时的年纪还不大，经常面对比自己强壮的对手，打不过对方怎么办？为此，阿里在每次比赛前，都会对着镜头喊：“我是最棒的，我是不可战胜的，我是冠军！”后来，在每次拳击比赛中，阿里就是在这样的自我暗示中越战越勇，最后如愿获得美国乃至世界的拳击“冠军”称号。

实际上，阿里就是运用了积极的自我暗示技巧，并且运用得很成功，他始终相信自己身体里存有一股别人无法战胜的力量，正因如此，他才取得了一个又一个辉煌。

其实，生活也是一样。无论是喜还是忧，无论是顺境还是逆境，我们都要乐观自信；无论生活给予了我们什么，我们都不能低头，不能贬低自己。要学会不断地运用积极的“自我暗示”，始终坚信自己有一股潜在的力量。只有这样，我们才能成功激发自身的潜能，最终如愿以偿，有所成就。

我们不妨从即刻起，每天抽出几分钟的时间，将自己全身心放松下来，然后积极地暗示、疏导自己：“我一定能行！”“我今天心情非常好！”“我一定能够克服这个困难！”“我是最棒的！”……这样一来，我们身体里的那股神奇的力量便会联合我们的实际行动，从而打造出与众不同的“神奇”！

05.复制品再好，也不值钱

身处社会，人们习惯了一种模式，那就是随声附和。在这个社会中，没有人想要四处树敌，为了避免这样的情况发生，人们开始掩藏自己的真实想法，别人说什么就附和什么，即使内心未必认同对方的想法。然而，当附和成为一种习惯，我们也就成了随波逐流的平庸之人。

我们对东施效颦的故事并不陌生，但很多人总是不自觉地犯“东施效颦”式的错误，什么都按照别人的轨道运行，希望自己长得像对方，吃得像对方，穿得像对方，住得像对方，甚至连言谈举止、说话腔调都要模仿对方，恨不得跟对方一模一样才甘心。想要成功，就看别人的经历和方法；想要做什么事，就模仿什么领域的领头人……而无视自己到底适合与否，最终的效果可想而知。

美国思想家拉尔夫·沃尔多·爱默生曾经说过：“羡慕就是无知，模仿就是自杀。”

确实，那些成功人士的确有值得我们学习的地方，但我们不能因为别人优秀就推翻自我、否定自我。真正高逆商的人会看到别人的优势，承认别人的长处，借鉴别人的方法，但他们不会盲目地去效仿别人，沦为追随他人的复制品。他们懂得发现自己的优势，发挥自己的长处，发现自身的价值。

有一天，小鸡在河岸边捉虫子，看见有一只小鸭子在河里游来游去，一会儿还从水里叼出一条新鲜的小鱼，看起来快活极了。小鸡对小鸭子说："不就是游泳嘛，不就是捉鱼吗？我也会。"说完，就摆出了一副要跳下去的姿势。

小鸭子看见了，游过来说："你不会游泳的，还是别跳下去吧！"但是小鸡不听，还气冲冲地说："哼，我就让你瞧瞧！"小鸡扑扑翅膀立刻跳进了河里。只听"嗵"的一声，它的身体慢慢地往下沉，它害怕地用翅膀拍打水面，大叫："救命啊！救命啊……"

在小鸭子的帮助下，小鸡好不容易爬上了岸，它身上的羽毛全湿了，看起来就像一只"落汤鸡"。小鸭子对小鸡说："你们鸡是不会游泳的，不像我们鸭子天生就是游泳的好手，你如果跳下水，是会有生命危险的，下次你不要这样了。"

小鸡听了脸红了，对小鸭子点了点头，又跳着去捉虫子了。

这个故事启迪我们，人要对自己有正确的认识，知道自己的短处和长处，要做自己擅长的事情。不要盲目地模仿别人，因为适合别人的事情未必适合你，别人擅长的事情或许正是你的弱项，"以短比长"只会让自己吃亏，受到伤害。

汉高祖刘邦雄才大略，聪明绝顶，尤其能驾驭人，但却不擅统兵；韩信不擅政事，却熟谙兵法。试想，如果两者互换位置，还会在各自的领域里叱咤风云吗？恐怕历史就得重写了。

有一句古话："天生我材必有用。"追求成功的途径和方式有很多种，正所谓"条条大路通罗马""三百六十行，行行出状元"。每个人都应该有强大的逆商，平静地看待别人的优秀，同时对自己有一个清醒的认识，扬己所长、避己之短、量力而为、恰到好处，这不失为培养自信心、消除自卑感和嫉妒心理的有效方法。

格里格·洛加尼斯小时候是一个非常害羞的男孩，又有点口吃，在阅读与讲话方面不尽如人意，还曾被归入学习最差学生的行列，经常受到同伴的嘲笑和作弄。看着别人都比自己优秀，洛加尼斯有羡慕，也有自卑。不过，洛加尼斯是一个聪明的人，通过一段时间的思考后，他发现自己的天赋在运动方面，而不是学习方面。

认清这一点后，他决心集中精力到自己的特长上，展现自己的运动天分。由于自身的天赋和努力，洛加尼斯果然开始在各种体育比赛中崭露头角，赢得了老师和同学的尊重。

后来，在一位前奥运会跳水冠军的指点下，洛加尼斯接受了跳水专业训练。经过长期的努力，他终于在跳水方面取得了骄人的成就：16岁成为美国奥运会代表团成员；28岁时已获得6个世界冠军、3枚奥运会奖牌、3个世界杯冠军和许多其他奖项；1987年作为世界最佳运动员获得“欧文斯”奖，达到了运动员荣誉的顶峰。

若在学习上与别人竞争，再过许多年，自己也不过是个普普通通的学生，洛尼加斯认识到了这一点，但他没有自怨自艾，也没有颓败下去，而是开始留意自己的长处，平静地看待别人的好，避短扬长，凭借优势，充分调动自己的能力和潜力来应付困难局面，最终获得了成功的人生，这正是高逆商的体现。

承认自己在某方面不如别人，不因别人的优秀影响自己，这是很艰难的，需要有点儿勇气。但倘若一生都不敢正视这一现实，看见别人的好就盲目地模仿，踉踉跄跄地走在完全不适合自己的路上，身心备受折磨，那不更痛苦吗？世上最痛苦的事，莫过于想做其他人。

模仿来源于一种自卑，是对自己的不确定。从现在开始，培养自己的逆商，强大自己的内心，平静地看待别人的好，只做自己所能的事情。当你为之努力时，你就可以做出一番成就，找到自信和成就的感觉，活出个性，活出自我，活出精彩，相信你的成功之路会越走越宽阔。

06.剜掉嫉妒的“刺”，越痛越有效

这个世界上有太多喜欢抱怨的人，他们总觉得所有的不幸都集中到了自己的身上，很少有人能够看清自己的优点。其实人与人就好比两种植物，你羡慕别人、嫉妒别人只是因为你觉得自己不够好。你是蒲公英，没有娇艳的花朵，就羡慕美丽的玫瑰。可是你忘了，玫瑰只能一辈子站在地上仰望天空，而蒲公英则有着翱翔天空的自由。

《三国演义》中有一个著名情节，周瑜被诸葛亮的计谋气死，死时说出：“既生瑜，何生亮？”周瑜郁郁而终，一向被人当作嫉妒者的典型人物。

虽然这个情节并不是史实，但却能给我们很多启示，周瑜何必只盯着这一个方面？为什么不想想“曲有误，周郎顾”这个典故，那个让懂音乐的人由衷佩服、让弹琴的少女故意弹错的人，可不是那个晃着羽毛扇的诸葛亮。如果周瑜能够看开一点儿，即使战场上有胜负，他仍然是一代风雅的儒将……

嫉妒这种情绪，说穿了是自己觉得不如别人，一味盯着别人的优点看个没完，难怪会越想越郁闷。但是，在看别人优点的时候，为什么不想想自己也有优点？你看到别人的诗情画意，何必想自己不会写诗作画，为什么不想想自己是一个理科高手？

不能看到自己优点的人是可悲的，他们只能沉浸在嫉妒的情绪中，根本无法自拔。因为他们感觉不到自己身上有任何东西能够与他

人抗衡，只能扭曲自己的心理，诋毁他人的优秀，似乎把他人的形象拉低几个层次，自己就能高大起来。你为什么非要用别人的幸福来让自己更痛苦呢？

法国文学大师巴尔扎克说："嫉妒者比任何不幸的人更为痛苦，别人的幸福和他自己的不幸都将使他痛苦万分。"

这话没错，嫉妒一旦产生，便会在心里无限制地扩张起来，把人的心境逼入牢笼，逼入窄巷，逼入死胡同。即使平日是气量宽广之人，一旦有了嫉妒，便也成为小肚鸡肠之人——总怀疑对方每个举动都在炫耀，总觉得对方每个举动都在奚落自己。于是，一方面拼命抹黑攻击对方，一方面自己心里又妒火中烧、气愤难平。结果便是既使得人际关系失和，又让自己心中不快。

她是一名女性心灵导师，谈吐举止都带着一股优雅的气息，那种与世无争、安然自若的样子，着实令每一个见到她的人动容。一次活动中，她曾问在场的女性："如果你身边的女友模样漂亮、身材姣好、事业成功、爱情美满，你会是什么感受？"多数女性都说："我当然会为她高兴了，我也能够沾沾光嘛……"她听着这些答案，没多说什么，只是讲述了她在大学时代经历的一件事。

"临近毕业的时候，寝室里的一个女生找了一个经济条件很好的男友。那段日子，她简直就把寝室当成了舞台，在我们面前表演时装秀，每天换着不同的名牌服装、鞋子、包包，好像真把自己当成了公主。校庆晚会的前夕，她的男友送了她一件非常华美的晚礼服，晚会前的那个中午，我一个人在宿舍里，不知道哪里来了一股邪火，看着她挂在床头的晚礼服，越看越生气，最后我竟然拿起口红，在衣服上面玩起了涂鸦。原本，我以为寝室里的姐妹们会骂我疯了，指责我，可当那个女孩拿着衣服哭着跑出去时，其余的人你看看我，我看看你，竟然都大笑了出来。”

嫉妒使人失去了理智，放弃了思考。这位美丽的女人也曾做出过如此有伤优雅的事情来，看上去她似乎没有因为嫉妒的行为伤害到自己，但事后再看自己，她明白已经将最丑陋的一面展现人前了。站在旁观者的角度看待，如果一个优雅的女人做出这样粗俗的事情来，那么之前建立的所有好形象都可能被推翻。

嫉妒之心每个人都有，这并不是最关键的问题，关键在于你是否能够控制它，而不是被它控制。其实，嫉妒的本质是羡慕，从另一个角度来看，也是对自己的一种贬低。当看到别人比自己优秀的时候，如果我们能够用逆商克制自己的低落情绪，选择用欣赏的眼光去看待别人，也选择用欣赏的眼光来看待自己，那么你的内心就能脱离这种情绪的囚笼，也能更好地审视自己。

看看自己的优点，对自己的幸福感到满足，并没有想象那么难。事实上，每个人都有自己的幸福，不要去看别人的生活，将视线放到自己的生活当中，你才会发现，生活原来如此美好，还有那么多的时间需要自己珍惜；反过来说，若是你看别人看得太久，那么你会对自己越来越不满，越来越轻视。

大学时，宿舍共有四个女孩，她们都有出色的外貌、聪明的头脑、讨人喜爱的个性，但她们之间的竞争也从来没有停止过。在这个宿舍，每个人都有自己嫉妒的对象，或者嫉妒对方的家庭好，吃穿用度都比别人高几个等级；或者嫉妒别人的男友好，从初中开始两情相悦，至今没有改变；或者嫉妒有人外语口语好，可以直接与外国人对话……

这种嫉妒的情绪持续了四年，四个人各自看其他三个人不顺眼，寝室里的关系时好时坏，经常发生争吵。大考小考都要比个没完，每年的奖学金争得不亦乐乎，谁也不肯服谁。直到大学毕业后，这种攀比也没有停止，她们总是互相打听对方的状况，想知道对方过得怎么样，想知道自己是不是混得比对方好。

多年接触下来，四个人也有了一定的感情，只是那种嫉妒兼羡慕的感觉始终没有变淡。后来，她们结婚的结婚，出国的出国，创业的创业，联系渐渐少了起来，偶尔想起其他人，第一个想法不再是嫉妒，也不再是不服输，而是对青春的怀念。

很久很久以后，她们有过一次聚会，发现四个人走了四种不同的道路，每个人都有所成就。她们在一起互相问候、互相关心，一起分析正面临的问题，并约好要常常在网上聊天，以便给其他人提供帮助。聚会结束的时候，其中一个人突然说："真奇怪，以前我总是嫉妒你们，其实现在我依然觉得你们的生活让人羡慕，但我的心态的确变了，现在的我更相信，我的选择没有错，我过着最适合自己的生活。"其他三人同时点头，那长久的青春心事，终于在这一刻化为彼此的默契。

世界上没有两片一模一样的叶子，世界上也没有两个一模一样的人，即使你和别人境遇多么相似，性格多么雷同，做着同样的事，有同样的目标，甚至付出同样的努力，最后你都会发现，你们是两条路上的人，你们的生活完全不一样。这个时候你就会发觉，嫉妒没有什么实在的意义，因为最能让你满足的，终究还是自己的生活、自己的路。

如果能早一点儿看透这个事实，我们的生命就会少了那些不必要的嫉妒，多一些赏心悦目的风景，至少，当你看到玫瑰的时候，你不会去羡慕那硕大而馥郁的花朵。因为，你是正在天空飞翔的蒲公英，你有你的生活方式，你有你的自豪和快乐，你享受着自己的生命，不贪多也不抱怨，这就够了。

永远不要嫉妒他人的生活，他人有他人的崇山峻岭，你也有你的青草地与白云天。越早明白这个道理，你的生活就会越轻松，心态就会越开阔，更能认清自己该走的道路。当你能在承认别人优点的同时，也看到自己的优点，你就已经初步具备了逆商。接下来，就按照你选择的道路走下去吧，你有属于你的世界。

那些具有高逆商的人也会嫉妒，不过他们更善于将嫉妒化为一股动力，让消极的情绪变得积极，这一切都取决于自己。一位作家曾说："如果没有对同学的嫉妒，我也许永远都是一个名不见经传的三流编辑。可是当我看见自己大学时的一个同学在电视上又是做访问、又是签名售书的时候，我突然嫉妒得无法控制。最后我决定化嫉妒为力量，因为我坚信，她能做到的，我也一定能做到。"

人可以嫉妒，但不能被嫉妒所控制，不能让它吞噬我们的内心、改变我们的灵魂。我们应该将嫉妒化成一种追逐的动力，激发出前进的热情和信心，这样我们才能列入成功人士的行列，成为人生真正的赢家。

07.自己选择的路，跪着也要走下去

对于很多人而言，排队都是一件让人感到郁闷的事情，因为每个人都有奇怪的排队心理，就是认为自己排的队伍总是最慢的。

想想看吧，在超市买东西的时候，看着每个收银台前一串长龙，不禁要感叹自己的确是“龙的传人”。选了一个相对人少的队伍，不一会儿就觉得自己选错了，这一个队伍是最慢的；但是当我们换到另一个队伍的时候，你会突然发现，原来的队伍开始变快了，自己排的这个队伍又开始慢了。于是，懊恼的情绪开始发酵。

澳大利亚科学家曾经做过这样一个实验，实验的结果让人深思不已。这个实验是这样进行的，找几个年龄、职业、收入、能力相当的同性别测试者，假定一系列问题，观察他们的反应。这些测试如下：

让他们同时设想他们将各自拥有一份工作，这份工作符合他们的能力，年薪数额和奖金数额一模一样，只是工作的内容完全不同；

让他们同时设想他们各自娶了一名女性，这些女性都是秀外慧中的美女，各项条件都不错，旗鼓相当，只是性格不大一样，有的很活泼，有的很文静；

让他们同时设想吃一份顶级晚餐，名厨打造，价格高昂，菜式差不多，不同的是，厨师不一样，一个来自西班牙，一个来自法国……

类似的测试还有很多，有些是测试人员直接帮他们选择，有些由他们自己选择。最后测试人员发现，几乎所有人都对自己的工作、妻

子、晚餐不满意，而无论是不是出自自己的选择。他们不约而同地认为，其他人得到的东西更好，其他人的选择更正确，他们甚至懊恼自己为什么没有这样的运气。测试人员相信，即使把一模一样的苹果放在他们面前，他们也会认为自己手里的是最糟糕的一个。

很多人都觉得自己的生活不够好，这并不是一种抱怨，也未必说出口，只是心里一直有这么个念头，总觉得自己得到的是最差的，自己的运气一向没有那么好。于是，心中产生了各式各样的惆怅，这种惆怅的核心内容是：××过得很好，至少比我过得好。至于对方有多好，他们自己也不知道。

这种“吃着碗里的，惦着锅里的”心态并不能说是贪婪，只是一种混杂了羡慕、虚荣、失意的复杂情绪，多数时候，这就是对生活本身的惆怅感。当自己没有资格说不满意，不觉得哪里真的不好时，心中却还是隐隐抱着更多的期待，期望着别样的生活，觉得自己得到的不是那么完美。

这样的人，对生活和周围的人多少有些敌视，他们不懂得珍惜现状，所以总是在挑毛病，试图寻找更好的状态，但其实完全没有必要，因为真正让你羡慕的生活你暂时达不到，你总是在同一水平中寻找不同类型的生活状态。实际上，你是在否定自我，对自我的选择不确定、不坚持、不享受，难怪你总是不开心。

在大海里，有一条美丽的小鱼正在游来游去，一张网突然向它罩了过来，下一秒，它已经在渔人的船上。渔人看它长得很可爱，便把它当作生日礼物送给了邻居小女孩。

邻居小女孩是一个善良可爱的孩子，她十分喜爱这条小鱼，小心翼翼地把小鱼放在一个精致的鱼缸里养起来，与小鱼朝夕相处。然而，小鱼并不快乐，因为这个鱼缸太小了，游来游去就会碰到鱼缸的内壁，这时小鱼就会十分不悦地甩一甩尾巴躲开了。

小鱼越长越大，也变得越来越漂亮，小女孩就更喜欢它了。可是这个鱼缸对小鱼来说太小了，甚至连转个身都很困难。小鱼更加烦闷，甚至连动一下身子都不愿意。小女孩似乎看出了小鱼的心事，有一天，将它从水里捞出来，放到了一个更大的鱼缸里。

小鱼终于能游动身体了，可没过几天，它发现自己仍然游不了几下就能碰到内壁。当它碰到内壁的时候，又会心情不爽。它实在讨厌极了这种转圈圈的生活，索性悬浮在水中，一动不动，也不进食，一心求死。

小女孩看到小鱼这个样子心里非常着急，虽然她舍不得自己的小伙伴，但为了小鱼的生命，她还是决定把它放回大海。小鱼被放入大海中，在海中不停地游着，可心中依然快乐不起来。一天，它游着游着碰到了另外一条鱼，那条鱼问它："你看起来闷闷不乐的样子，难道在这无边无际的大海里生活得不够自由吗？"它叹了口气，说："唉！这个鱼缸太大了，我怎么也游不到边上了！"

生活中很多人总是觉得自己的选择是错误的，为自己的选择而懊恼。就像故事中的小鱼，它把不开心当作一种常态，整天向往更广阔的空间，有一天把这空间给它了，它却仍然沉浸在旧日的情绪里，连打量环境的心思都没有。这样的人，即使环境再改变，即使给他最快乐的一支队伍，他也不会开怀。

人生在世，我们每个人总要做出这样或者那样的选择。如何选择道路，这和一个人的学识、见识、能力息息相关，也是逆商的综合体现。虽然，每个人都希望能选到各方面都很好的道路，但愿望是美好的，现实却是残酷的，你再怎么小心谨慎，选择的道路也不可能是尽善尽美的。

道路，既然选择了就不要后悔。你要坚信，你所做的选择就是最好的选择，你选择要走的路就是最正确的路；你要释怀，你已经走过的路就是最适合你的路。安于自己的道路，再苦再累也别停留，再难再烦也不放弃，走着走着，说不定你选择的就是最快的队伍呢！不到结局，谁又能否定你呢？

辑六
直面内心恐惧，疗愈害怕的内在小孩

一个人从幼稚到成熟，从懵懂到聪慧，往往要经历太多的思索和挣扎。当人生陷入迷茫和困惑时，高逆商的人不会坐以待毙，更不会寄望他人，而是勇敢面对内心的脆弱，认真思考是什么导致了这样的现状，然后俯下身去，朝着幽暗深处的自己伸出手去。

01.永远不要逃避，你的每一步都决定结局

人的一生，不会永远顺风顺水，总会出现一些这样或那样的问题：怀才不遇、失恋、被老板责备、被朋友出卖……当面临这些问题时，你会怎么做呢？有些人选择了逃避，以为自己躲过去了，就什么事都解决了。

小时候，父母到了中午还没有回家，没饭吃的你可能就是那样等着。的确，等一会儿父母就回来了，可是在现在这个社会中，你还能等着谁来给你“做饭”呢？

因此，不要消极地逃避问题，不要排斥你的对手，不要反感你所处的环境，不要害怕被人伤害。无论你躲到哪里，一切都不会改变，你逃避的只有自己而已。我们不能害怕太阳晒就不出屋子，不能害怕马路上车多就不走路，不能害怕工作出错就不去工作。只有积极地去面对，一切才会改变。

当危难来临的时候，所谓的逆商就是学会对抗，而不是躲避。

蒂凡妮是家中的独女，从小就像温室中的花朵一样，受到父母百般疼爱，因此蒂凡妮性格十分脆弱，一遇到为难的事就唉声叹气。对于蒂凡妮的这种性格，父母十分忧愁，就连教她的家教老师也很是头疼。

一天，家教老师给蒂凡妮上完课，突然想到蒂凡妮那极弱的抗压能力，于是就把她叫到了厨房，打算给她加一堂免费的“生

存课”。

老师把同样多的水装入三个大小相同的锅里，然后在三个锅中分别放入了一根胡萝卜、一个生鸡蛋和一把咖啡豆，最后把三个锅的温度和火力定到一样的刻度上。都弄好后，老师对蒂凡妮说：“下面，我们一起来看看会有什么神奇的事情发生。”

蒂凡妮好奇地看着那三个锅子，并按老师的要求细细观察着。20分钟后，老师将煮好的胡萝卜和鸡蛋捞起来，放到了盘子里，然后将咖啡倒进了杯子里。一切都做完了，老师微笑地问蒂凡妮：“下面告诉我你看到了什么？”

蒂凡妮心中暗暗发笑，说道：“我能看到什么呀，不就是胡萝卜、鸡蛋和咖啡呗！”

“嗯，很好，下面你来用手、嘴巴来感受一下吧！”老师把盘子和杯子递给蒂凡妮。

蒂凡妮心想：这能感受到什么？还不就是胡萝卜、鸡蛋和咖啡吗？我天天在吃这些东西，有什么稀奇的？虽然她心中有些牢骚，但还是按照老师的要求做了。她捏了捏，又尝了尝，然后一脸疑惑地看着老师。

这时，老师让蒂凡妮坐下来，十分严肃地说：“你感受到了什么？本来硬硬的萝卜，现在软绵绵的像泥一样；本来一碰就碎的鸡蛋，现在却连原来是水的蛋白都硬了；本来坚硬无比的咖啡豆，现在已经变软了，而且它的香气和味道都溶到了水中。你回忆一下，当时我把这三样东西放进同样大的锅里，加进一样多的水，用同样的火力加热，然后同样的时间停止，可是它们却有了不同的反应，对吗？”

蒂凡妮点点头又摇摇头，她的确感受到了变化，可是这些变化又能说明什么呢？

老师明白了蒂凡妮的意思，拍拍她的头说："我们的生活就像是加上水再放到火上加热的锅一样，天天在受着煎熬。但是，不同的人在相同的环境中却有着不同的感受。你是要像胡萝卜那样变得软弱无力，还是如鸡蛋一样变硬变强，或者像咖啡豆那样身体受损却不断向四周散发出香气呢？孩子，你的人生在你的手中，你如果总在温室中生长，那么你将难以承受周围的一切，生活的强者一般会直面磨难，并让自己和周围的一切变得更加美好。"

蒂凡妮听完老师的话，陷入了深思中。

老师给蒂凡妮演示了一场人生课，通过这堂生动的课程，温室中的蒂凡妮一定会有所成长——面临生活的煎熬，如果我们像胡萝卜一样变软，会使生活更加辛苦；如果我们像鸡蛋一样变硬，会失去人生的变通；我们只有像咖啡豆一样，直面问题，接受考验，香气才会融入到人生各处。

法国文学家巴尔扎克说："苦难是天才的垫脚石，对于强者来说它是一笔人生财富，而对于弱者来说它则是万丈深渊。"人生并不平坦，既然生活没有给我们风和日丽，那么我们就要学会迎战风雨。"铁经淬炼才可成钢，凤凰浴火才能重生"，与其在逃避中昏昏沉沉地度过一生，不如在积极应战中创造无限价值。

美国棒球界的最高明星罗德里格斯在很小的时候就喜欢棒球，但是，他在最初接触棒球时根本就是一个一点儿天赋都没有的孩子。

一天，他头戴球帽，手拿球棒和棒球，全副武装地来到自家后院。已经练习了很多天仍没有打到球的他一点儿也没有气馁，他自言自语地说：“我是世界上最伟大的打击手！”说完，他把球往空中一扔，用力挥棒，但却仍旧没有打中。

小罗德里格斯整了整帽子，再次把球往空中一扔，大喊一声：“我是最厉害的打击手！”他狠狠地挥动球棒，但是，棒球像是在故意气他一样，连球棒边儿也没挨着就溜走了。

“这是怎么了？”小罗德里格斯伤心地说。他呆呆地站在原地，“难道我真的不适合打棒球吗？”

时间“滴滴答答”地流逝着，很长一段时间后，小罗德里格斯蹲下，仔细检查了他的球棒和棒球，然后又认真整了整衣服。他站起身决定再试一次，他一边扔起球一边大声喊道：“我是无人能比的最佳打击手！”

但是，命运好像在和这个小男孩开玩笑一样，球棒又一次落空了。突然，小罗德里格斯似乎明白了什么一样，他突然跳起来喊道：“原来我是一流的投手呀！”

从此，他认真练习着投球，终于有一天成了最棒的棒球投手。

小罗德里格斯最初把自己定位为“打击手”并为之坚持着，但是，随着一次次地失败，他突然发现，原来相比“打击手”，“投手”更加适合自己。虽然他的坚持没有换得最初梦想的成功，但如果他遇到挫折之初就放弃，便不会发现自己成功的方向，更不可能最终成为最棒的棒球投手。

世界上没有人可以预知未来，你的人生轨迹不会完全按照你的设想进行下去，你总会遇到各种各样的问题。问题是人生路上的必备补给，逃避问题，就是对自己的不负责，就是在逃避自己。因此，遇到问题不要逃避，勇敢去面对，只要挺过去了，就一定能让自己走向最终的成功。

可见，这种逆商是对自己的尊重，也是对未来的尊重。

02.所有的害怕，都是对自己的恐吓

生活中，让你感到害怕的事情有哪些呢？不敢当众表现自己，害怕被人嘲笑？或者，不敢与权威人士如老师或老板交涉？等等。

公开承认你害怕的事情，这可能有点困难，但任何人都逃避不了恐惧。而且，有意思的是，你无论怎么努力去隐藏自己的恐惧，或设法以逻辑分析的方法去安慰自己，这些无视恐惧的方法都很难把恐惧从脑海里抹掉。试问，你是否常常故作坚强，告诉别人说你没事，实际上却非常害怕呢？

害怕危险的心理比危险本身还要可怕一万倍，你知道吗？

在一个方圆几十里的大村落里，人们过着自给自足的幸福生活。

有一天，死神向这个村落走去。

“你要去做什么？”村里的一位老人问道。

“我要去带走100个人。”死神回答。

“太可怕了！”老人说。

“现实就是这样，”死神说，“我必须这么做。”

这位老人急忙跑去提醒所有人，死神即将来临，而且他要带走100个人的生命。于是，村里的人们陷入了无限的恐慌中。

第二天，这位老人又碰到了死神，他不满地质问：“你告诉我你要带走100个人，为什么村落中一夜之间竟然死了1000个人呢？”

“我照我说的做了，”死神回答，“我带走了100个人，恐惧带走了其他那些人。”

死神想带走100个人，为什么到最后有1000个人丧命了呢？你觉得很不可思议吧！为什么会这样呢？正如死神所说，人们都担心自己会是100人中的一位，情绪上过于恐惧而致！或许这个故事有些夸张，但显而易见，过度的恐惧可以压垮一个人的精神和身体，也会摧毁一个人的人生和前途。

人为什么会有恐惧感？说白了，其实所有的害怕，都是对自己的恐吓。

弗洛姆是美国一位著名的心理学家，有一天他带着几个学生走进了一间伸手不见五指的神秘房间。在弗洛姆的指引下，学生们摸着黑很快地穿过了一座架在房间中间的木桥。接着，弗洛姆打开房间里的一盏灯，学生们才看清楚房间的布置，不禁吓出了一身冷汗。原来，这间房子的地面是一个很深很大的水池，池子里蠕动着各种毒蛇，有好几条毒蛇正高高地昂着头，朝他们“滋滋”地吐着信子。

弗洛姆看着学生们，问：“现在，你们还愿意再次走过这座桥吗？”

大家你看看我，我看看你，都不做声。

弗洛姆又打开了房内另外几盏灯，强烈的灯光一下子把整个房间照得如同白昼。学生们揉揉眼睛再仔细看，才发现在小木桥的下方装着一道安全网，只是因为网线的颜色极为黯淡，他们刚才都没有看出来。

弗洛姆大声地问：“你们当中有谁愿意现在就通过这座小桥？”

过了片刻，终于有两个男学生犹犹豫豫地站了出来。其中一个学生战战兢兢地踩在小木桥上，异常小心地挪动着双脚，速度比第一次慢了许多；另一个学生一上去，身体就不由自主地颤抖着，才走到一半儿就挺不住了，干脆弯下身来，慢慢地爬了过去。

弗洛姆语重深长地说："桥下的毒蛇对你们造成了心理威慑，你们胆怯了，乱了方寸，慌了手脚，所以才走得那么艰难。但刚刚进来时，你们只想着过桥，黑暗里也不知道桥下的景象，不是走得很好吗？现在为什么不试着忘记桥下的景象，就像来时一样呢？"说完，弗洛姆便目视前方，稳稳当当地过桥了。过了一会儿，学生们也开始陆陆续续地过桥了，他们走得很好。

其实人生又何尝不是如此？在面对各种困难和挑战的时候，我们之所以心生胆怯、举步维艰，就是怯于现实和理想之间的差距。假使你时常胆怯，总是害怕可能出现的困难和挫败，担心自己难以达到成功，那么很有可能你就真的难以成功，因为你把自己吓住了，耀眼的光芒已经被遮挡住了。

那么，究竟如何让自己不再胆怯，让心中的恐惧消失呢？那就是牢记你的目标，牢记你未来将要取得的成功，从而轻视、藐视，甚至是无视过程中的艰难险阻。你要相信，这种强大的逆商会让你变得坚韧而顽强，带领你战胜各种困难和阻碍，得到更多的好运。

彭帅是一个残疾人，小时候因为车祸失去了双脚。他在一所中医学校中学会了按摩，所以，毕业后他自己开了一家私人诊所，专门给病人推拿。彭帅不仅医术精湛，而且还是一个阳光帅气的小伙子，他喜欢打扮自己，一头飘逸的长发，再加上一副墨镜，给人的第一印象总是酷酷的。他生性乐观，爱好广泛，还曾经和朋友们组建了一支摇滚乐队，担任架子鼓鼓手，他打出来的鼓点不知道感动了多少人。

一天，有一个摄影师因患腰椎间盘突出，久治不愈，慕名找到了他的诊所。通过几次的治疗，彭帅与摄影师成了无话不谈的好朋友。摄影师了解了彭帅的业余爱好后，说：“你的爱好那么广泛，要不跟我学摄影吧。不过摄影可是要去很多地方，有时候要进山里，你敢不敢玩？”

“当然敢玩！我相信没有我做不了的事！”彭帅很坚定地说。

第二天，摄影师拿来了一部单镜头反光照相机，彭帅不由心里发虚了，没想到昨天的一句玩笑，摄影师却当了真，难道真的让他去采景吗？虽然心里忐忑不安，但是盛情难却，他只好硬着头皮接过了照相机。

彭帅长这么大从没摸过照相机，一切都得从零开始。摄影师很有耐心，一点一点地教他，快门、光圈、对焦、运用光线……彭帅一点一点摸索着学习着，他每次外出采景时，都要带着外伤药，因为小腿与假肢相连的部分，常常会因为过度磨擦而出血。但是，彭帅一直坚持着，他相信，正常人能做到的事他也能做到。

彭帅爱上了摄影，他一有时间就跟摄影师去户外采风，彭帅的摄影技艺与日俱增。在一次摄影比赛中，他拍摄的作品获得了优秀奖，在摄影师看来，他简直就是一个伟大的奇迹！彭帅身为一个残疾人，却以自己的意志力战胜了身体上的缺陷，完成了自己人生的奇迹。

阿基米德说：“如果给我一个支点，我便可以撬动地球。”

虽然这话一听像是不可实现的豪言壮语，但如果你想自己也成为这种英雄式的人物，那么必须丢掉你那崇拜、羡慕的目光，切实地激励自己、坚定信心。造物主在创造每个人的时候都是公平的，只要你直面恐惧、丢掉怯懦、抬头挺胸地迎接每一个挑战，你便会成为别人的偶像，你就是自己的奇迹。

03.战胜“心魔”才能成为钢铁战士

人生就是追求梦想的过程，但成功总不会那么轻而易举地被我们得到。在我们努力追逐的过程中，总会有些沟沟坎坎，有些会让我们踉跄，或是摔个跟头，但这些不足以影响我们的步调，我们仍旧能够保持平衡，继续前行。但是若是受了重创，也就是所谓的失败，那就没那么容易挨过去了。

其实，大多数人最终的失败都是因为过程中的失败没能熬过去而导致的。没有不想成功的人，在失败的时候他们也想过从头再来，但失败的阴影如影随形，所以导致了最终的失败。

2008年8月17日，北京奥运会50米气枪三姿决赛。

13时51分，射击比赛还差一个人的最后一枪就将全部结束。截至此时，中国选手邱健成绩最好，他利用最后这一枪逆转并赶超了乌克兰对手0.1环，1272.5环的成绩足以保证他获得一块银牌。

而这最后一个没有完成比赛的人就是美国选手马修·埃蒙斯，在所有选手最后一枪射击之前，他的总成绩已领先第二名4环多。在所有人看来，金牌已经没有悬念，在这样世界顶级水平的角逐中，以他们的实力，一枪相差零点几环就应该算是一个不小的差距了。也就是说，只要埃蒙斯的最后一枪打出6.7环——一个在步枪射击中的业余水平，金牌自然就会被他收入囊中。这对于一个射击名将来说，简直易如反掌。

在众人瞩目下，埃蒙斯举枪、瞄准、击发。4.4环！最终，中国选手邱健走上了最高领奖台。

顿时，全场以及屏幕前所有的观众都惊呆了！现场直播的解说词也足足有两三秒的凝滞。在一片不知所措的惊叹声中，时光一下逆流四年，回到了2004年8月22日的雅典马可波罗射击场，用解说员无奈的话说，就是“历史总是惊人的相似”。

当时的三姿比赛也是进行到了最后一枪，2号靶位的埃蒙斯同样是最后一个击发，他只要得到不低于7.1环的成绩就能夺冠。但最后一声枪响后，子弹竟然飞到了3号靶位上！金牌最终属于中国选手贾占波。

四年一轮回，当埃蒙斯再一次出现在北京奥运会的决赛赛场上时，世人为其不屈不挠的精神所感动，并希望他能向世界证明自己是最棒的。埃蒙斯也果然不负众望，稳健地打完了前九枪且遥遥领先于所有对手。

然而，上帝再一次拨动了他的枪口，他终因最后一枪打出了4.4环、总排名第四而无缘奖牌。包括埃蒙斯自己在内的所有人都没有想到，噩梦就像幽灵一样，从雅典追到了北京。只是，“送礼”的对象从贾占波变成了邱健。

对于埃蒙斯来说，四年前的惨痛一幕，让其心理创伤久久无法平复，终究在四年后没有走出雅典奥运会脱靶的阴影。时间让失败过去，但并没有让埃蒙斯心中的失败消失，失败成为他的“心魔”，扰乱了他的心，致使他跨不过奥运会金牌这道坎。

心理学专家称这种现象为“埃蒙斯魔咒”，意为过于渴望成功而造成紧张，致使很多人在关键时刻“掉链子”，无法直视自己失败的现实，害怕自己会再次失败。但实际上，越是害怕，失败在心中的影响就越严重。与其被失败的阴影追着跑，还不如坦然接受失败，这样你才能真正地放下过去，向着明天前进。

还有不到一个月就高考了，她凭着平时模拟考试没有低过630分的成绩，被理所当然地列为北大、清华的“种子选手”。

这不到30天的时间，对于她来说，可谓是度日如年。曾经多少次，她在梦里仿佛身临其境般地到北大去报到；当然，也无数次在梦中被惊醒，因为梦中的自己高考失败了。当她醒来，总是满身冷汗，巨大的压力让她精神接近崩溃。要知道，北京大学是她从小的梦想，就连当初考高中时，她也毫不犹豫地选择了北大附中而错失了101中学金帆乐团的邀请。十几年的梦想近在咫尺，却让她产生了巨大的恐惧。

地狱般的几十天过后，高考成绩出来了，539分！噩梦似乎成了现实，她最终因为一批只报了北大一个志愿而被随机调配到一所三流学校。

生活中，这样的例子在很多人身上都存在：台下准备得滚瓜烂熟的主持词，一上台却忘得一干二净；和客户签一份重要的合同，到了会场才发现，一切准确齐全，却忘带了合同文本。如此看来，“埃蒙斯魔咒”其实处处可见。

行为是一种养成的习惯，人们生活中的失败经历会在潜意识里形成一种习惯性的条件反射。也就是说，又考试时、又登台时、又要签合同时，这种失败的“习惯”可能就会出现。在这种状态下，人们的焦虑程度就会与行动目标的逼近成正比，即越是达成得准确、离成功越近，心中的焦虑也就越高，导致到最后难以自控，出现严重失常的表现。

失败和成功是对立的，却也是联系最为紧密的，在成功面前，人们往往会考虑失败。没有人不想成功，但越是过于渴望成功，就越容易因为害怕失败而忧虑。这样一来，人们往往会过度紧张，临门一脚的时候发挥失常，导致最终的失败。正如一句十分经典的谚语所说："太想穿好针的手会忍不住颤抖，太想踢进球的脚会忍不住颤抖，太想面试中胜出的嘴会忍不住颤抖……"

那么，我们是否可以摆脱类似的"魔咒"呢？很简单，我们需要做的就是接受失败。

乔治·费多年轻时立志要做一名出色的剧作家，这个梦想在他心中扎了根，再也放不下。然而，社会并不认可这个年轻人，他的作品始终得不到剧团的赏识，就连一些不知名的小剧场也不愿意排演他的剧本。一次又一次的碰壁，给乔治·费多带来的不是沮丧与失望，而是更加热切的激励与希冀。他从不曾停下自己的脚步，只要有机会，就一定很努力地去推销自己的剧本。

功夫不负有心人，终于有一家小剧场同意排演他的剧本。然而，那时候的乔治·费多只是一个毫无名气的剧作者，在观众看来是完全陌生的，他们没有表现出多大的兴趣，所幸门票价格低廉，才保证了一半以上的出座率。然而，这不是成功的征兆，恰恰是又一场失败的开始。演出开始后，观众对于糟糕的剧本与演员毫无表情的演出非常不满，演出到一半，喝倒彩的声音已经此起彼伏，甚至远远超过了舞台上演员的声音。演出结束后，观众们摇着头叫骂着离开。

偌大的剧场里，只剩下乔治·费多一个人羞愧难当地瘫坐在舞台上。这种强烈的打击，很容易让一个人丧失信心，意志力薄弱的人很可能就此放弃创作剧本，转投他行。但是，乔治·费多并没有放弃，他快速地调整好自己的心态，从失败的阴影中走出来，开始了新的创作。

后来的乔治·费多成了法国著名的戏剧家，在全世界的戏剧圈子里也有着举足轻重的地位。他创作了大量叫好又卖座的滑稽戏剧，受到了人们的推崇。他的成功，正是建立在那些痛苦与失败的基础之上的。他后来创作的《马克西姆家的姑娘》在整个法国都引起了剧烈的轰动。但是，即便是这部著名的剧作，在试演的时候也遭到了很多外界的讥讽。

那是在一个很小的剧院里，观众看着台上的演出，纷纷叫骂、喝倒彩。愤慨不已的乔治·费多干脆跑到观众最多、嘘声最大的地方去也跟着喝起倒彩来。朋友发现了乔治·费多的失常，慌忙把他拉到一边问道："乔治，你疯了吗？"

乔治·费多微笑着说道："我没有疯，只有这样我才能最真实地听到别人的辱骂声，我才能坚定信心搞好创作，才能写出更好的剧本。"

其实失败并没有那么可怕，这是人生中的常态，一次的失败并不代表没有退路，并不代表着人生的终结。我们可以将它看作一盆冷水，虽然被泼冷水的感觉不好，但换个角度想一想，这盆冷水也有可能是缓解过热体温的救星。当你被成功的欲望压得透不过气时，不妨接受这盆冷水，让自己冷静一下，理智地看待问题，这样的逆商才能带领你勇往直前，这样的人才能获得最终的成功。

失败了又如何？这不是最终的结果，坦然看待失败，你才有资格重新追逐成功。

04.谁不曾被谎言的万箭穿过心

这个世界上充满了谎言，对于任何人而言，谎言都是不受欢迎的，是惹人讨厌的。我们讨厌谎言带来的虚伪，讨厌谎言带来的欺骗，讨厌谎言带来的不悦。当得知别人欺骗了自己的时候，我们首先会有一种被背叛、被伤害的感觉，接下来任其发展，就发展成为对对方的一种仇恨。

但事实上，谎言并不一定都是恶意的，有些时候，我们会发现，爱我们的人基于爱也会说一些谎言，虽然我们受了骗，但当真相露出的一刻心中会是满满的温暖。

从前，在一个病房中有两个病入膏肓的人，他们自知时日无多。这个病房只有他们两个人，靠窗的甲勉强还能爬起身来，从窗户向外望一望，看一看外面的风景；而靠近门的乙行动能力受到了很大的限制，他没有力气走到窗前，就连坐起身都气喘吁吁。

幸好甲是一个善良的人，他每天都会把自己看到的景色绘声绘色地讲给乙听。通过甲的描述，乙知道他们的病房外是一片青草地，还有一大片湖水。每天下午的时候，人们都会到这里来晒太阳。孩子们在草地上追逐、奔跑，他们的家长铺着毯子坐在一边，享受天伦之乐。也有情侣在草地上野餐，有学生在树下看书，还有老人喂着湖中的鸭子……

乙看不到，只能在心里一遍遍地还原着这样的景色。他想，甲实在是太幸福了，自己却没有看到这些景色的能力。

日子就这样一天天的过去，半个月后，甲便不能起身给乙讲故事了，因为他的病情加重了，甚至医生已经下了几次病危通知书……在一个飘雨的早晨，甲静静地离开了这个世界……甲走后，乙搬到了窗边，他费尽力气爬起来，想要看一看外面那迷人的景色，但他却发现窗外是一堵白白的墙……

想到甲为自己编织的谎言，乙泪流满面。没多久，这个房间又搬进了一位病人，乙虽然身体不便，但他还是坚持每天坐起来，望向窗外，给门边的病人描述窗外的美景，就像曾经的甲一样。每当看到病友憧憬的眼神，乙就由衷地感到幸福。

人们需要真相，同样的，人们也需要谎言。在某些时刻，谎言就是一种希望，它能帮助人们度过最难以度过的时光和岁月，帮助人们重振信心。

虽然没有人愿意被蒙在鼓里，但是，努力地探求真相真的是一件好事吗？这仿佛是一个伪命题，有真相不去知道，难道要生活在谎言中？但是，生活中终归有一些真相还是不要知道的好，或者说在现阶段还是不要知道的好。

生活在这个时代是艰辛的，如果每天都双眼如炬，洞察一切，那得需要多么强大的内心来支撑啊！如果做不到，那么就选择忽略一些真相。

真相有时候是残酷的，残酷到我们无能为力。有些真相，掩饰往往比指出来更有力量。不是每一个真相都能被人们接受，而一旦真相超出了人们承受的底线，那这种真相就是残忍的。

有一个小男孩在五岁的时候就不幸得了一种怪病，他的一只脚要比另一只长出很多，走起路来跛得就像一只小鸭子，经常遭到周围小朋友的嘲笑及众人异样的眼光。懵懂的孩子哭着问父母自己为什么会这样，是不是永远都这样了？父母忍着泪水骗他说："孩子，这不是病，只要你努力练习走路，经常走就会和别的小朋友一样了。"

小男孩相信了父母的话，一直努力地练习走路。多年的辗转奔波，父母带着他遍访名医，试过各种奇药、偏方，可是小男孩的病却没有一点儿起色。父母并没有因为伤心欲绝的痛楚而放弃，依旧对治好孩子的病抱有希望。小男孩就这样在父母用善意编织出的谎言里，安心地度过了自己的童年。

直到有一天，一名护士无意中透露出小男孩身体的真相，小男孩一下子就崩溃了，也不再接受治疗。后来，他一直在轮椅上生活。

假如护士不告诉小男孩身体的真相，或者等到他能够承受的时候再告诉他，或许小男孩的命运就是另外一种结局。

诚然，我们可以理解人们对谎言的深恶痛绝，也有很多人的人生信条就是"言而无信不可交也"。可是，当真相与生命并重的时候，前者就有可能成为"凶手"。真相可以救人于水火之中，也能够给人以致命一击。在心灵深处，人们还是宁愿相信美好和善良的东西，而将鲜血淋漓的现实剖开给人看的时候，那种生活的美感就会遭到很大程度的破坏。有时残酷的真相反而更像是一种谎言，欺骗了人们的希望。

电影《少年派的奇幻漂流》给我们讲述了这样一个故事：少年派因为一场海难而被迫和一只老虎漂流。而在讲述完最后的故事后，已经成年的派又讲述了另外一个残忍的故事。而这个故事，恰恰就是事实的真相。

大多数的人从心灵的深处希望是第一个故事，因为在这个故事里，人们可以看到一些美好的东西，但是事实的真相却是令人惊悚和失望的。我们必须承认，谎言也是这个世界的真实，因为它带来的温暖是真正可以感受到的。

所以，当你被骗的时候，先不要冲动、生气，指责对方的背叛，冷静下来想一想，对方编织谎言的目的是什么？若是出于对你的爱，那么不妨原谅他。没有人愿意背负谎言，若是有人为了你这样做，那么你要相信对方是重视你的。从善念去看待谎言，你会发现一个不一样的天堂。

谁不曾被谎言的万箭穿过心，接受善意的谎言也是一种逆商，它促使人坚强执着，充满希望，去努力，去争取，最后遇见美好。医生的一句谎言，让恐惧的病人由毁灭走向新生；父母的一句谎言，让涉世不深的孩子脸若鲜花，灿烂生辉；老师的一句谎言，让彷徨的学子不再困惑，更好成长……

05.拆掉心墙，去爱，就像不曾受伤

常言道：“害人之心不可有，防人之心不可无。”人心的难测，我们每个人都曾有深入的体会，我们几乎都会对每一个走近自己的陌生人提起戒备之心，揣测对方每句话、每个表情的目的和含义；也会对身边的人心生疑窦，想要查明对方的每一个行动，有时候，忍不住就想试探一下他人。

殊不知，我们这种试探的行为会深深地伤害别人，也给自己和对方之间隔了一道墙。其实，人本向善，防人之心只是人的一种自我保护机制。若是有了疑人之举，那就要另说了。一个认为周围都是坏人的人，心中必然充满了黑暗。若是你有疑人之举，那么在对方看来，你至少不是那样善良了。

一对闺蜜在咖啡店聊天，聊到各自的男朋友，她们巨细无遗地说着自己与男朋友的感情，也说着他们未来的打算，不免也说起各自藏在心里的担忧：身边的这位男朋友，真的值得托付终身、真的值得信赖吗？如果有更好的女人出现，他们还能保持忠贞吗？

终丁，她们决定做一个实验。她们买了 张新的电话卡，打算冒充暗恋者给各自的男朋友发短信，想要看看男朋友的反应。如果男朋友根本不予理睬，或者冷静地拒绝，她们可以相信日后的爱情生活将会是一条玫瑰色的康庄大道；反之，如果他们表露了兴趣，甚至迫不及待地想要知道对方究竟是什么样的女生，那么，他们很可能就会对爱情产生了厌倦，也说明了他们花心的本质……

发了短信后，她们忐忑不安，像是在等待法官的审判。

一条短信很快回了过来，其中一位男朋友按捺不住好奇心，他想知道是一个什么样的女孩，每天都在图书馆偷偷地观察他，他也有兴趣知道这个女孩的年龄、专业。在短信来回传送中，他甚至根本不提自己的女朋友……被“背叛”的女孩勃然大怒，抓起电话，直接和男友提出分手，毫无余地。

另一个女孩很庆幸，到了晚上，她见到自己的男朋友，诉说自己对他的考验，以及对结果的满意。男友面无表情地听她说完，向她提出分手，理由是“我不能接受不相信我的人”，任凭她苦苦哀求都不为所动。

最后，这对闺蜜再一次坐在咖啡店，她们发着呆，久久说不出一句话……

试探，本身就充满诱惑性，试探别人一次，看看他们是否像自己说的那样值得信任，看看他们是否像自己想的那样可以托付。如果他们没有通过考验，那自己就不必再付出感情……这种想法简单草率，得到的结果也常常事与愿违。

显然你能想到的试探，针对的都是人性固有的弱点，人们往往会拿一些小事当作考验。但你要知道，在无关紧要的小事上，多数人都会放松对自己的要求，他们并不认为小小的“背叛”是真的背叛，充其量是思想上的一次“开小差”。如果有人拿同样的事考验你，你说不定也会在虚荣心、好奇心的驱动下，落入别人的陷阱。

何况，“试探”本身就是一个充满怀疑的举动，你不放心对方才会去试探，一旦对方知道你的目的，他们不会为自己通过你的“考验”而高兴，只会为你竟然怀疑他们的人品而愤怒，甚至对你这个人产生否定的看法。毕竟，没有人喜欢被怀疑。你的试探，只会在你和他人之间树起一道“看不见的墙”。

我们为什么会试探对方？是因为他们不在自己的掌控范围内，我们害怕这种不主控的感觉。更糟糕的是，有相当多的人认为陌生可能会带来不确定性，带来不可预知的危险，对陌生人有着很强的防范之心。这固然可以保护自己的安危及利益，但大多数陌生人是友善的，正常的交往还是必要的。

卢达听说过有一种疾病叫作“社交恐惧症”，他觉得自己就是这种病的患者。尽管他已经是一个工作三年的职员，但对于社交，他总是有一种排斥的感觉，也从不参加同事之间的聚会。每天一下班，他就会尽快回到自己租的房子，一秒钟都不想留在单位。

他从小性格就孤僻，因为身材矮小，他常常受到同龄孩子的嘲笑和欺负。对于接近人，他在心理上是惧怕的、抗拒的。这种现象到了高中才有所改善，但也仅仅改善到能够与他人正常交流，看上去不那么“异类”的程度。他一直没什么朋友，也不打算交朋友。

他的父母总希望他能多参加一些人多的活动，也总劝他找个开朗的女朋友，改善一下自己的心态。可是，卢达对他人打从心底里有一种深深的不信任感，即使有人主动跟他打招呼，他也不知如何回答，甚至不想回答。久而久之，他又成了他人眼中“不爱搭理人”“清高”的“怪人”，他不知道该怎样改变这种状态……

有些人对人际关系有一种恐惧感，认为世界上的人都是别有用心，全都不可信，这种心理太过严重，就会患上“社交恐惧症”。对亲近的人尚且要诸多考验，对陌生的人，我们就更难放下提防，将陌生人视为“凶神”，甚至到了步步为营的程度，像惊弓之鸟，以惶恐的眼神看待世间的一切。

过度防备就像一道墙，挡住了别人亲近的脚步，挡住了机会之神的降临，也让自己只能远距离地看这个世界，看到的一切都不真切，根本无法了解更多的人和更多的事，也会让生活陷入无止境的猜疑中，累人累已。

这世上，每个人都是独立的个体，却总是有着千丝万缕的联系。虽然会受伤，虽然会受骗，但别让“心墙”将你自己包围，让所有人都不能靠近你。试着让自己达观一点，不要轻易试探别人，不要轻易怀疑别人，因为那是对他人的不尊重，当你试探别人时，你们的情谊已经悄无声息地瓦解。

拆除砖墙容易，拆除心墙难，心墙不除，人们的生活空间只会越变越小。你的心上是否有一道墙？现在，你要做的是先意识到自己的心墙，以及当初盖这道墙的原因，回头去检视盖墙的原因还存在吗？你所防御的外敌，现在仍对你构成威胁吗？那些曾经让你难受的事，你是否已经强壮到足以面对？

如果心墙还在，那证明过去受创的那个自己没有被安抚，你必须要非常有耐性，要相信自己是安全的，这个世界是可以信赖的。

有人说过这样一段话：“我们大部分人都像茶包，不在热水里，我们都不知道原来自己这么有能力。”

不要害怕，大胆拆除心墙吧，去付出你的真心，不要躲在自己的小世界里。真正的考验来临时，你自然会知道谁是至交，谁是过客。为什么有人愿意视你为至交？因为你的魅力，你曾经的帮助，更因为你在生活中付出的真诚与宽容，让他们对你产生信任，并且不愿辜负你的信任。

这个过程可能会很不好受，但任何的突破都必定经历痛苦的过程。加油!

06.做敢担责的铮铮硬汉，不做懦夫

责任是一种与生俱来的使命，它伴随每一个生命的始终。我们每时每刻都要履行自己的责任：对家庭的责任、对工作的责任、对社会的责任。正是责任，让别人对自己产生了信任与尊重。智慧，多的只是一种能力和经验的积累；而责任，强调的则是一种勇于负责、敢于担当的逆商。

责任是通过一个人的责任感来体现的。责任感能使一个平庸者走向优秀，没有责任感的军官，不可能是一位优秀的军官；没有责任感的员工，不可能是一位优秀的员工；没有责任感的公民，也不可能是一名优秀的公民。在任何时候，责任感无论是对自己、对国家，还是对社会，都是不可或缺的。

命运会赋予你很多权利，相应的，也会赋予你很多义务，责任就是其中之一。我们不能总想着生命赋予的权利，也要接受命运安排给我们的那些任务。对任务负责的人，往往需要倾尽自身的心力去做事，甚至付出额外的努力、耐心和辛劳。但唯有如此，我们才有资格接受更多的权利。

某个县城有一位名医，有一天，有一位青年妇女来找他看病。名医检查后发现，她的子宫里有一个瘤。有了瘤，这可是大病，需要立刻动手术。

不过，对于这位有过上千次手术经验的名医来说，这只是一个小

手术。手术很快就安排好了。手术室里都是最先进的医疗器材，名医切开病人的腹部，向子宫深处观察。当他准备下刀的时候，他全身一震，手术刀停在空中，豆大的汗珠冒出额头。他看到了一件令他难以置信的事：子宫里长的不是肿瘤，是个胎儿！

他的手颤抖了，一下子不知道该怎么办？如果他硬把胎儿拿掉，然后告诉病人，摘除的是肿瘤，病人一定会感激得恩同再造；相反，如果他承认自己看走眼了，那么他将会声名扫地。几秒钟的犹豫后，医生安心地缝上了刀口，回到办公室后，静静等待病人苏醒。

当病人安全醒来后，名医十分坦然地向家属道歉："对不起！我看错了，你只是怀孕，没有长瘤。所幸及时发现，孩子状态良好，你一定能生下一个可爱的宝宝！"

听完这句话，病人和家属都惊呆了。几秒钟后，病人声嘶力竭地吼道："你这个庸医，我要找你算账！"后来，虽然那位病人生出一位健康的宝宝，而且发育良好，但这位名医被告得名誉扫地。

有朋友笑他，当时为什么不将错就错？即使说那是个畸形的死胎，又有谁能知道？听到这话，名医只是淡淡一笑。

责任心承载着一个人的人格，只有负起责任的时候，才能找回做人的根本。心中有责任，做事就不会为得失所迷惑，就不会为得失所拖累。采用欺骗手段遮盖错误、逃脱责罚，虽然可能获得短暂的成功，但当事情真相水落石出的时候，你就会成为人人唾弃的对象。而且，在此期间，你还要小心翼翼地掩盖，承受着心理的压力和折磨。

一个人若是没有责任感，若是让自负、虚荣等控制了你，选择背弃自己的灵魂，那么最终你的灵魂就会被流放，即便最后获得了成功，心灵也得不到解脱。名医的事业或许失败了，但他问心无愧，在那之后的每一天，他都不会因为自私犯下的错而不断祈祷，他的生活会因为拯救了一个生命而快乐。

人们对责任的逃脱往往是在犯错之后，其实，越是这种时候，就越应该担当起责任。马克·吐温曾说过："我们生到这个世界上来是为了一个聪明和高尚的目的，必须好好地尽我们的责任。"在工作中，如果你做错事情，不敢承担责任，肯定无法获得老板的信任，你也无法获得成功的机会。

查尔斯和采尼是某快递公司的两名新员工，在工作中，他们是一对好搭档。两人工作一直也都很认真，也很卖力。上司对他们两个人一直很满意，并且准备从两人当中选一人担任客户部经理。然而有一件事却改变了两个人的命运。那天，上司对他们两人说，有一个贵重的邮件需要送上飞机，并反复叮嘱他们要小心，因为里面装着一个价值不费的瓷器。意外的是，当送货车快抵达飞机场的时候突然熄火了。

他们两个人马上跳下车检查问题，这时离飞机起飞的时间也快到了。于是，采尼焦急地说："怎么搞的，你为什么出门前不把车检查好，现在迟了，飞机快起航了。如果不按规定时间送到，我们要被扣奖金的。"

查尔斯没有抱怨，而是说："现在时间不够了，我力气大，我背着它去吧，距离目的地也不远了。"

"那好，你背吧！"采尼说。

查尔斯背起邮件，一路小跑，终于按照规定的时间赶到了目的地，而且也看到了等待的客户。这时，采尼突然说："你先歇歇，我来背吧，你去招呼货主。"他心里暗想，如果客户把这件事告诉老板，说不定还会给自己一个晋升的机会。他只顾想，当查尔斯把邮件递给他的时候，他却没接住，邮包掉在了地上，“哗啦”一声，瓷器碎了。

“啊？你……你怎么搞的，我没接你就放手。”采尼大喊。

“对不起，你明明伸出手了，是你没接住。”查尔斯道。查尔斯和采尼都知道，这个贵重的邮件打碎了意味着什么，不但会丢了工作，可能还要偿还沉重的债务。果然，老板对他俩进行了严厉的批评。

“老板，不是我的错，是查尔斯弄坏的。”采尼趁着查尔斯不注意，先走进老板的办公室，对老板说。老板平静地说：“谢谢你采尼，我知道了。”

随后，老板把查尔斯叫到了办公室：“查尔斯，你知道那邮件有多贵重吗？”

查尔斯把事情的原委告诉了老板，并说：“这件事情是我们的失职，我愿意承担责任，一定会弥补我们造成的损失的。”

查尔斯和采尼一直等待处理的结果，但是结果却出乎他们俩的意料。查尔斯被任命为了客户部经理，而采尼不但被辞退了，还要背负因此而带来的债务。原来当时的客户早一步来到了老板的办公室，并把事情的始末告诉了老板。事情发生后，老板也看到了两个人的不同反应。

问题出现了，采尼选择了做懦夫，结果被炒了，而且还得赔偿损失；而查尔斯却勇敢地承担了责任，得到了晋升。这告诉我们，无论在哪里，都需要主动承担责任的人，当某项事情的进展遇到麻烦或者结果不符合要求时，你的第一反应应该是意识到自己的责任，承担起自己的责任，而不是将责任推卸给别人，这样才能让别人放心和安心，你才能赢得足够的尊敬和荣誉。

虽然这个问题并不复杂，但却困扰着很多人，像采尼那样的人并不在少数，关键时刻，因为担心承担罪责，趋利避害的本能总会让他做出一些自认为安全的事来。可任何一个有逆商的人都会明白，一个谎言，一次对责任的背弃，就有可能失去信任，而且很难得到改观，永远不会有大事业。

没有责任的沉重，便没有人生的壮观。沉重并快乐着，这就是生命的真谛。

不要做懦夫，懦夫永远不会被人欣赏。

微软总裁比尔·盖茨曾对他的员工说：“人可以不伟大，但不可以没有责任心。”无论地球怎么转动，生活总要继续，未来也有无数的责任等待着我们。无论是在生活中，还是工作中，我们都要用肩膀去扛起那份责任，做一个敢于担当的人，勇于承担自己的过失，不怕苦，不怕累，如此才能日益强大。

07.无畏的年华不惧任何批评

人的一生中，无论是小人物还是大人物，无论是失败者还是成功者，总是难免遭遇别人的批评。小时候淘气，免不了受父母的责骂；上学后又多了老师的批评；参加工作了，意见和批评更是接踵而至……

但大多数人都不愿意被批评，也很难以积极的态度对待批评。喜表扬、恶批评，是一种普遍存在的心理现象。很多时候，我们一听到别人的批评，或面红耳赤，忐忑不安；或刚愎固执，暴跳如雷，恼羞成怒，死不认错；或当面千恩万谢地接受，转个身却忘得一干二净，心怀怨恨，寻衅回击……

但是，如果你想培养强大的逆商，一定要杜绝以上几种做法。因为这几种做法显然没有雅量，都不算逆商的行为，只会令别人觉得和你难以沟通，不能和气地倾谈。与之相反，那些高逆商的人大多能够虚心接受别人的批评，甚至笑对别人的批评，在认真分析之后，觉得对的便微笑接纳。

纵观我国历史，凡是成就突出的人，人都勇于接受批评意见。历史上的唐太宗是一个贤明的皇帝，他之所以能缔造出中国历史上最强大的伟大帝国——大唐盛世，在很大程度上离不开他愿意接受谏臣魏征的批评。如果他不能接受批评，而像秦始皇一样焚书坑儒去排斥批评，或许只会步秦灭亡之后尘。

说到这里，我们不禁要思考，为什么大多数人害怕被批评？从心理学上讲，这是因为批评针对的往往是一些我们不愿面对的事实，就如同有人拿着镜子在我们面前，使我们不得不面对自己的一些缺点或弱点，更清楚地看待自己。而人的本性又是趋利避害的，批评越准确，我们就越害怕，因而想逃避，想拒绝。

但俗话说“良药苦口利于病，忠言逆耳利于行”，批评是针对人们思、言、行上存在的“病灶”进行的，目的是要把病治好。有缺点、毛病的人受到必要的批评后，才有可能清醒头脑，把自己从偏差和错误上拉回来。在今后遇到类似的情况时，警示自己，主动预防和避免犯同类错误，防止重蹈覆辙。

这也就意味着，批评并不是一件坏事。批评的压力有时也可以变成继续前进的动力，其关键在于你以怎样的态度对待批评。

古人云：“金无足赤，人无完人；人非圣贤，孰能无过？”任何人都有可能犯错误，自觉或不自觉地。有句话是“脊背上的灰自己看不见”，有了缺点、毛病，就好比脊背上有灰尘一样，往往自己看不见，而旁观者看得比较清楚。如果不让别人批评指正，帮助“拍打灰尘”，又怎能保持肌体健康呢？

从这个角度看，我们不但不能拒绝别人的批评，反而要坦诚地、虚心地面对批评，还要表现出愿意接受批评的态度，进而重新评估自己的价值，把批评的压力变成继续前进的动力。这不仅可以体现出一个人的胸襟和涵养，还是一个高逆商的人应持有正确的处世态度，也是成功者必备的素质。

“日本推销之神”原一平年轻时，有一天来到东京附近的一座寺庙推销保险。他口若悬河、滔滔不绝地向一位老和尚介绍投保的好处。老和尚一言不发，很有耐心地听他把话说完，然后用平静的语气说：“你的介绍丝毫引不起我的投保兴趣。年轻人，先发现自己的不足吧。如果做不到这一点，你将来就不会有什么前途可言……”

原一平接受了老和尚的教诲，他策划了一个“原一平批评会”的集会，邀请亲朋好友、同事客户们参加并希望大家能够畅所欲言，对自己提出批评。为了表示自己的真诚，他每次开会时，都会给被邀请者准备酒水、牛排等。“你的个性太急躁了，常常沉不住气”“你有些自以为是，往往听不进别人的意见”“你的知识不够丰富，所以必须加强进修”……原一平把这些宝贵的逆耳之言一一做了笔记，随时反省激励自己。

从1931年到1937年，“原一平批评会”持续举办了6年。原一平真心接受了别人的批评，反省了自己，战胜了自己的缺点，并将之体现在每天的工作上。他的业绩直线上升，每周的业绩排行榜他都独占鳌头，最终成为日后的“推销之神”。谈及自己的成功，原一平这样总结道：“如果每个人都能把这种批评工作提前几十年，便有50%的人可能让自己成为一名了不起的人。”

原一平的成功，关键在于他有接受批评的勇气，有从谏如流的大度，这使得他能客观公正地审查自己，不留情面地剖析自己，彻底反省、思过、改进，从而吸取众人的智慧，避免自己的失误，使他人的忠告成为自我成长的原动力，个人魅力和工作能力均得到提高，最终成就了自己的大业。

因此，那些高逆商的人从不把挨批评当作坏事，他们不仅能愉快地接纳别人的批评，而且会严于剖析自己，认真检讨和反思缺点错误，敢于把“刀子”指向自己的痛处，把自己从偏差和错误上拉回来。在今后遇到类似的情况时，警示自己，主动预防和避免犯同类错误，防止重蹈覆辙。

当一个人所犯的错误越来越少时，自然就能在正确的道路上走得更好，这才是批评的目的，这才是逆商的目的，也是别人的希望所在。

08.你不是超人，你会累，你会痛

美国著名汽车公司福特公司的创始人亨利·福特在回忆当初自己的管理方式时，感慨良深地说："没有一个人是无所不能的，如果当初我没有及时改变想法和退出公司，也许福特公司就不会有这么大的发展。无论一个人的地位有多高，也无论他有什么样的成就，都会不可避免地犯这样那样的错误，没有谁是无所不能的。"

的确，一个人的能力是有限的，认识并接受这样一个事实，我们便懂得凡事不要苛求自己。如果非要把自己提到那些完不成的极限和遥不可及的梦想这个高度，心又怎能不受折磨呢？所以，尊重客观规律，辨证看待强弱，抱着一种顺其自然的心态去追求、去努力，就足够了。毕竟，你不是超人。

在福特公司创立之初，公司很多技术都是福特本人开发出来的，他也因此以技术而闻名。福特也认为自己无论是在企业管理方面，还是在研发技术方面，都是无所不能的，似乎没有哪一部分能离得开他。然而，在福特内部技术研究所里，整个公司的技术人员都在为用"水冷"还是"气冷"冷却发动机而发生了激烈的争论。

大部分技术人员都支持采用"水冷"来冷却发动机，但是福特却认为"气冷"是最好的，因此整个福特公司生产出来的汽车都是"气冷"式轿车。没过多久，在美国举行的一次一级方程式冠军赛上，一位车手驾驶福特汽车公司的"气冷"式赛车参赛。一开始，福特汽车遥遥领先；但在第三圈的时候，由于速度过快导致车身失控，赛车撞上了旁边的防护栏，后油箱爆炸，车手被烧成重伤。

此事引起了“气冷”式轿车的销量剧减。技术人员要求研究“水冷”式轿车，可此时的福特还是坚持研究“气冷”式轿车，致使公司的几名技术人员准备辞职。

“您是觉得您个人身兼数职重要，还是整个公司重要？”福特公司的副总经理感到事态严重，果断地找到福特。

面对这样严肃而直接的质问，福特惊讶地回答道：“当然是整个公司重要了。”

“那就同意让他们去研究‘水冷’引擎。”副总经理的毫不留情让福特猛然醒悟过来，明白了事态的严重性，也明白了自己一直以来都大包大揽、角色错位。

于是，福特亲自召见了所有的研究人员，宣布公司以后技术研究的主要方向由他们决定，自己只负责管理。紧接着，福特把当时想辞职的几名技术人员全部委以重任，自己也不再插手技术方面的问题，而转向了管理。

后来，福特公司的技术人员开发出适应市场的“水冷”式发动机，再加上福特先进的管理技术，福特汽车顿时销量大增，而这些技术人员的努力使福特汽车顿时成为汽车行业的品牌汽车。

就像福特事后感慨的那样，没有谁是无所不能的。只有正确地认识自己，承认自己的局限性，才能有明确的发展方向，一个人如是，一个公司也不例外。虽然有些时候人们总是不放心身边的人，想要自己亲手解决那些棘手的事，但若是不控制自己这种“强迫症”，只能让自己越来越累，而且事情的结果也会差强人意。让自己背负“超人”的角色越多，对苦闷的体验也就越敏感。

没有人是三头六臂无所不能的，即使再优秀的人，如果不把事情分担给别人，也会被所有的苦累压死。与其如此，不如勇于承认自己是一个凡人，按照凡人的步调稳步前进，该休息的时候休息，该承认自己能力极限的时候承认，才能真正从过度紧张的生活中解脱出来，过上张弛有度的生活。

一位企业家事业有成，只是身体已濒临崩溃的边缘。于是，他找来一位有名的老中医，希望老中医能给自己开一些调理的药。

老中医在询问完他日常的工作生活情况后，只劝他多多休息，没想到却引来了企业家激动的抗议：“那哪行！我每天承担着巨大的工作量，没有一个人可以为我分担啊！”

“为什么呢？难道没有人可以帮你处理文件吗？”

“不行呀！这些文件都是相当紧急且重要的，只有我自己亲自批示，才能尽快地采取正确的决策。”企业家不耐烦地说。

“如果是这样，那么你的处方我已经给你开好了。”老中医不容置疑地说。

企业家欣喜地拿过处方一看，只见上面只写了两行字：每天散步两个小时；每周保证有至少半天的时间去墓地。

对此，企业家怎样也无法理解，甚至对老中医的不负责任有些生气。他又返回诊室，质问那位老中医。

“之所以让你去墓地，是因为，”老中医不紧不慢地解释，“我是希望你走一走，看望一下那些与世长辞的人。他们生前也曾跟你一样，认为全世界的事情都得打包扛在肩上，如今他们却全都长眠于黄土之中。你要知道，有一天你也会加入他们的行列，但是地球不会因为你的消失而停止转动，而其他人则像你现在一样继续工作。所以，我建议你站在墓地前好好想一想这些摆在眼前的事实。”

至此，这位企业家恍然大悟。他依照老中医的指示，放缓生活的步调，并且转移了一部分工作职责。从此，企业家获得了心灵上的平和与安宁，生活渐趋平缓，事业仍然保持蒸蒸日上。

有很多人都会或多或少地存在着这样一种心态：对自身缺乏全面而客观的认识，过分标榜自己的某种能力，随意夸大自身能量，凡事都大包大揽。但事实上，给自己加上了“超人”的包袱，追求“事事通”的结果，往往只能是“事事空”。因为，在设定了纷繁复杂的行动目标的同时，也就忘记了自己最初上路对的目标。

追求梦想本是一件极有魅力的事情，但请记住，你只是一个和芸芸众生一样再普通不过的人，凡事不可苛求。与人无争，与己有求，但并无奢望。

要做到这一点，需要强大的逆商。控制自己的自傲和自负，承认自己的局限和不足，更需要放手许多力所不能及的事情。如此剔除冗繁后，沉淀下来的往往是最简单却又最本初的，才能将更多的精力投入自己真正应该做的事上去。在此过程中，怀着心无旁骛的淡定，很多事情便自然水到渠成。

辑七
在充满委屈的世界，我们如何面对不公平

即使命运对你不公，即使上天对你不平，你也不应就此沉沦，你也不应就此堕落。高逆商的人，能直面人生中的不堪，不甘于溃败。扼住命运的喉咙，坚决与之斗争。就像愚公移山一般，他信念坚定，迎难而上，最终也必将实现搬走“大山”的梦想。

01.世界是不公平的，但你可以压下天秤

现在，有太多的人抱怨自己怀才不遇、生不逢时。但是抱怨归抱怨，不去努力，现实不会有任何改变。

任何一个成功人士都不会轻易获得成功，他们首先会接受命运的不公，然后才能创造出奇迹。即使你是最珍贵的花朵，不将种子先埋进土里，也是不可能发芽绽放的。生活就是如此，你要先接受现实，才能发现生活中的美景。有道是“人间自有青山在”，你接受了现实，便能看到青山。

大学毕业后，毕业于法学专业的乔易没有找到合适的工作，他不得不面对自己人生中的第一次妥协：降低标准，先找一份工作糊口。经过面试，他在一家保险公司当了业务员。

刚到公司上班，乔易就发现公司里的很多人和他一样，不过是暂时找不到工作，所以才将这份工作当作工作。大部分人不敬业，对本职工作不认真，他们不停地抱怨着，抱怨工作难做，抱怨待遇太低，抱怨保险行业不景气，抱怨专业不对口……干活也提不起一点儿兴趣。

尽管乔易也很认同这些观点，但是他认为“抱怨半天又没有什么用，不也照样得干吗？既然能找到这份工作，就要好好珍惜，力争把它干好吧”。就这样，他没有任何的抱怨，而是一头扎进工作中，踏踏实实地干活。无论接受到老板的任何指派，他都一丝不苟地完成，

没有任何的怨言。有时候一天走十几个小时，推销说得口干舌燥，他依然兢兢业业。

但是，保险是一份让人很头痛、很难做的工作，乔易的工作开展起来也很困难，第一个月拿到的只是最基本的底薪。乔易的心思又开始活动，要不要赶快转行呢？想着下个月必须交的水电费和房租，乔易再一次妥协。他开始思考怎样做才能让人们愿意接受保险业务员。最后他决定，在社区里举办“保险小常识”讲座，免费为社区居民讲解保险方面的常识。渐渐地，社区居民对保险产生了兴趣。

接下来，乔易的工作进行得顺利多了，业绩突飞猛进，也受到了经理的重用、同事们的欢迎。时间一长，乔易居然后来者居上，成了公司里的“顶梁柱”。而那些只会抱怨个不停的同事，还是业绩平平。不到两年，乔易成了公司的领导，和他一起毕业的同学还在律师事务所抄文书，他这才知道，有时候妥协也蕴藏着机遇。

现实是一个很让人头疼的东西，它像一个庞然大物，决定了你此时此刻的一切，你的经济基础、你的职业、你的能力、你的心态，都与它息息相关，且无法超越。为什么人总要向现实低头呢？因为在绝大多数的时候，人的力量太过弱小，他们不具备改变现实的能力，只能暂时屈就。但对于高逆商的人而言，暂时的屈就只是暂时的，他们会慢慢地去改变现实；而低逆商的人往往自甘堕落，暂时的屈就会变成一辈子。

生活中遇到的最大阻碍，就是我们不愿面对的现实，即使有愚公移山的精神，也等不到“子子孙孙无穷匮”。我们总在对现实感叹，心底都清楚想要改变无法改变的现实，是自不量力的做法，结果无非是自寻烦恼。面对生活，我们不能凭着一时的锐气横冲直撞，而应该有策略地应对它。即使它给了我们最不如意的境遇，即使它对待我们很不公平，我们也要想办法压下天秤。那么，你首先要做的就是妥协。

妥协，对于骄傲的人来说，是最难以忍受的字眼之一，妥协似乎就意味着认输。但如果把眼光放远，一时的输赢并不代表一辈子的成败，往后退一小步，换前进一大步，是巨大的成就。如果只盯着眼前的不如意，只会作茧自缚，让处境变得更加不利。所以，人必须学会妥协，咬牙切齿也要妥协。

妥协并不意味着屈服，而在于让我们在困难面前调整方向，使我们做好更充分的准备，从而在机遇来临时战胜困难走向成功。

因此，妥协是一种厚积薄发的生存智慧，是避开困难以巧制胜的成功哲学。

塞林格曾说："一个不成熟的人的标志就是勇于为一种事业英勇地献身；一个成熟的人的标志就是愿意为某种事业谦卑地活着。"这"英勇地献身"，虽看似伟大，却使我们失去了东山再起的机会；而"谦卑地活着"，令我们看似屈服，实则给了我们积蓄力量的机会。越王勾践卧薪尝胆，最终重振河山；李煜国破家亡，却选择妥协，登上了诗词艺术的高峰；苏武被俘，牧羊几十载，终而还乡而名传后世。古往今来，这种例子不胜枚举，正是这种妥协的智慧，使他们能够"谦卑地活着"，取得成功。

然而，坚持自己拒绝妥协将给成功的道路种上荆棘。诚然，保持独立的心，坚持做自己值得提倡，但这并不意味着一味坚持自我。瑞典数学天才阿贝尔在二十多岁时便声名远扬，他的代数理论被奉为经典。然而，正是他对自己的坚持使他与权贵的矛盾不可调和而遭到排挤。最终，他贫寒交加，英年早逝。阿贝尔的事迹不禁令人惋惜，假如他能够妥协，他必将取得更伟大的成就，给人类带来大笔的财富。可见，盲目地坚持自己，拒绝妥协并不可取。适时的妥协并不阻碍我们的成功，反而给成功增色。

做理性的妥协者，虽为之不易，但我们应抱着“高山仰止”的心态，在漫漫长路上下求索。

面对纷繁的人世，总有人大叫“不公平”，物不平则鸣，他们也的确有让人唏嘘的遭遇。可是，“鸣”一声对现实又有什么好处？能够改变自己的处境吗？恐怕这一声大叫，更会为自己带来不必要的麻烦。所以，人们总是被有经验的人教导：少说话，多做事。

不要梦想生活有这样一种状况：所有人都为你搭桥铺路，所有事都能按部就班，所有人都向你伸出友好的手，你只要从路的一端安稳地走，就能到达有掌声和鲜花的另一端。这根本就是一种不切实际的幻想，现实是：不论你想要做什么，你都要首先认清生活本来的面目，认清自己的斤两，不断地把自己打磨成现实更需要的形状。

想要开花，先要扎根。扎根，就意味着低下头，潜进去，把笔直的根脉一次次弯曲，为的是接触更肥沃的土壤。正是因为如此，那些高逆商的人会接受命运的安排，接受了才能正视它，才有勇气改变它，让苦难成为成功路上的音符，让苦难成为你登山的基石，一步步登到顶峰，看到远处的大片青山！

02.只有抢先半步，才能领先一路

我们都知道“今日事今日毕”，但很少有人能真正地做到这一点。现实生活中，很多人都在有意或者无意地将本该今天完成的事拖到第二天。到了第二天，发现要做的事情又多了不少，于是又将其中的一部分事拖到了第三天。以此类推，他们就会发现手头总有做不完的事，于是心烦气躁，心中出现以下这些声音：

“工作量那么大，我又不是机器。”

“老板是不是有病啊！你看看我工作都这么多了，还给我增加任务。”

“那么短的时间，我只能做到这么好了。”

“唉，完成不了任务，我只好辞职了，找一个任务量少点的单位吧！”

……

拖延者经常抱怨自己的时间不够用，抱怨自己的任务量太大，却不知道是自己的拖延造成了事情越积越多的结果。不断地拖延，让他们离自己的目标总是有那么一段无法越过的距离。其实，只要他们抓紧当下的时间，抓紧今天有效的时间，做好想做的事，那成功的到来也就指日可待了。

拖延说到底不过是人们对时间没有一个正确的认识，被懒惰所控制，总喜欢在最后一蹴而就。但哪有那么轻轻松松就能取得的成功，世上的事有很多就是坏在了拖延上。对此，哈佛大学教授哈里克曾说："世上有93%的人都因拖延的恶习而最终一事无成，这都是因为拖延能够杀伤人的积极性。"

例如，恺撒大帝因为接到了报告却没有立刻进行阅读，结果在议会上便丧失了性命；美国独立战争时期，英国的拉尔上校正在玩纸牌，忽然有人递了一份报告说，华盛顿的军队已经到了德拉瓦尔了。但他只是将报告放在桌子上，等到牌局完毕，他才阅读那份报告。待到他调集部下出发应战时，已经太迟了。结果是全军被俘，而他也因此战死。仅仅是几分钟的延迟，就丧失了尊荣、自由与生命，实在是不应该啊！

决定了的事情就不要犹豫，第一时间付诸行动，这样你才有可能获得成功。

安乐尼·吉娜成功的故事经常在哈佛的课堂上被提及，她的成功就得益于及时行动。

安乐尼·吉娜还未成名之前，是大学艺术团的一名普通的歌剧演员。那时，她有一个美丽的梦想：大学毕业后先去欧洲旅游一年，然后要在百老汇成为一位优秀的主角。

吉娜的心理学老师知道了她的梦想后，就找到她，对她说："你旅游后去百老汇与毕业后去有什么差别？"吉娜仔细一想：是呀，去欧洲旅游并不能帮我争取到百老汇的工作机会。

吉娜想了一阵子说："我已经决定了，一个月后就去百老汇闯荡。"这时，老师又地问她："你现在去与一个月以后去有什么不同？"吉娜想：是啊！我为何要等到一个月后呢？即使我能找到一些理由，但是这些理由和我的梦想相比，实在不算什么。我决定下个礼拜出发。老师却步步紧逼："你需要买的东西在百老汇附近的商店都能买到，为什么非要等到下个礼拜动身呢？"

吉娜看了看天色，已经到了傍晚了，最后说："好，我明天早上就出发，现在就订明早的机票。"第二天，吉娜就飞赴纽约百老汇。当时，百老汇的制片人正在酝酿一部经典剧目，有来自各国的几百名演员前去应征主角。

吉娜得知后，知道这将是自己实现梦想的一个好机会，可是面对几百名的专业演员，她成功的希望很低。不过，她没有放弃，她费尽周折地从化妆师手里得到了将排的剧本，在这以后的两天中，她闭门苦读，悄悄演练。初试的时候，吉娜精彩的表演让她出奇制胜，顺利地进入了百老汇，穿上了她百老汇舞台上的第一双红舞鞋。实现自己的梦想后，吉娜一直把心理学老师"立刻行动，绝不拖延"的话记在了心里，经过努力，两年后，吉娜成为百老汇中年轻而富有盛名的演员之一。

机不可失，时不再来。吉娜的成功，就在于她立刻行动，抓住了机会。成功者每时每刻都在为自己积极准备，他们知道，也许这一秒不努力，那么下一秒就有可能失去一个创造奇迹的机会。

阿莫斯·劳伦斯说："成功的秘诀在于形成立即行动的好习惯，才会站在时代潮流的前列；而另一些人的习惯是一直拖延，直到时代超越了他们，结果就这样被社会淘汰了。"

哈佛大学教授哈里克说："这个世界并不缺少天才，缺少的只是能够做到不拖延的人，而这个社会99%的成就将会被这些不拖延的人取得。"

比尔·盖茨也说过："凡是将应该做的事拖延而不立刻去做，而留待将来再做的人总是弱者。一天的时间如果不好好规划，就会白白浪费掉，我们就会一无所成。”

不要抱怨时间不多，假如你不想成为一无所成的弱者，那么一定要根除拖延的坏习惯。也许你会这样认为，“我拖延一会儿没有什么”，但要知道，今天的日子很短暂，它在一点点地流逝，失去了就永远不可能再回来。对于那些高逆商的人而言，今天才是最珍贵的，今天的成就就是明天更好的开始。

凡是将应该做的事拖延而不立刻去做，而想留待将来再做的人总是弱者；凡是有力量、有能耐的人，都会在对一件事情充满兴趣、充满热忱的时候，就立刻迎头去做。

道理很多人都明白，但是实践的过程还是会难倒一批人。很多人明知自己有拖延症，却苦于没有出路，根本原因是没能说服心中那个懒惰的自己，反而被懒惰控制。人都有趋利避害的本性，而逆商在这里所起的作用，就是克服我们本性中懒惰、安逸的一面，就是找到原因进而改变自己。

时间就是生命，时间就是效率。只有抢先半步，才能领先一路。从今天开始拒绝拖延，今天的事情今天做，美好的未来指日可待。

03.别人越毁你，越要活得出类拔萃

“木秀于林，风必摧之。”现实生活中，当你在某方面取得成就、有所建树的时候，身边的某些人就会产生一种嫉妒心理。他们见不得“人好我差，人有我无”，会对你冷眼相待，采取消极不合作的态度，对你进行无端的指责、处心积虑的攻击，甚至恶毒地诋毁和污蔑你。

面对别人的攻击时，我们原来的心理平衡会被打破，不免会情绪急躁，大动肝火，有时甚至会和别人争得面红耳赤，非要与对方一争高下，结果呢？大多是斗得两败俱伤，彼此间感情恶化，自己也很难有好心情，这又何必呢？

王璇刚进公司还不到一个月，就因为优秀的工作表现获得了领导的好评，谁知这让单位的老同事很不高兴。例如，处长的小姨子是前台，她总是仗势欺人，故意挑王璇的毛病；而出纳小赵尖酸刻薄，总是明里暗里耍一些破坏性的小手段。只要一见到她们，王璇就有一种灭之而后快的冲动，于是每当对方针对自己的时候，她就会说一些让对方不舒服的话，以牙还牙，并乐此不疲。

经过一段时间，虽然王璇也吃了点亏，可是那两个女人的嚣张气焰也被打压下去了。就在王璇为自己在“战役”上的成功而沾沾自喜的时候，没想到同事们对王璇的行径很不满，居然联合起来请求领导给王璇换离岗位。尽管领导很认可王璇的工作能力，但考虑到团队的和谐，不得不“忍痛割爱”，将她“下放”到了基层。

应该承认，本来是自己通过努力得来的成绩，却受到他人的种种抨击是十分难受的，往往会给人带来一种极大的委屈和不平，特别是那些恶毒的诋毁和污蔑，有时实在让人受不了。但当遭遇到别人的攻击时，与其情绪激动地与人争斗、反唇相讥，不如学会用逆商释怀心里的“风暴”。

张娟大学毕业后，来到一个陌生的城市开始了新的生活。她历经千辛万苦，终于找到了一份工作。由于她是第一次接触这种工作，又没有什么工作经验，所以有很多地方都不懂，甚至连一些基础的事情都不得不去请教其他人。然而，当张娟非常谦虚地请教同事的时候，却遭到了一位同事的嘲笑，说她的能力简直差得要命，留在这里根本就没有任何价值，能进入这个公司也必然是走后门、托关系的，还时常用鄙夷的眼神看她。

为此，张娟感到非常委屈和难过，于是她便想要离开这里。可是当她想到同事说的那些话时，最终还是咬牙留了下来。她要证明自己，证明自己并没有那么差。接下来，张娟认真地对待工作，虚心地向同事求教。渐渐地，她的能力获得了提升，表现也越来越好，从而充分地体现了自身的价值。

最后，张娟成为那位同事的上司。“我拼命地努力，并不是炫耀我有多了不起，我只想证明自己不比任何人差。”张娟感慨道。

当遭到诽谤、诋毁、中伤时，那些高逆商的人会更加努力地前进，并且感到庆幸。因为他们明白，别人之所以攻击自己，很大程度上是因为自己更优秀，能力更强，并且为他人所注意。正因自己极具重要性，别人才会去议论、关注，甚至污蔑。所以，他们往往会嫣然一笑，视若不见，充耳不闻。

千万不要因他人的无理取闹、荒唐攻击而大乱方寸，也千万不要因此大动干戈，不妨继续做自己的事，走自己的路。如此，这种攻击行为便伤害不到你，拖不垮你，拉不倒你，挡不住你。当你通过自身的努力，争取到更大的成就和荣誉的时候，让对方望尘莫及的时候，对方只能欣赏你。

04.遭受委屈无须哭闹，只需用实力反击

在生活中，有谁没有尝过委屈的滋味呢？因为对方情绪化，因为沟通不力，人总有不辨是非的时候，自己难免遭受委屈。谁都不希望自己遭受委屈，这时候最容易自尊受损，焦急、忧虑、悲伤和愤懑……这是一个人人皆可能遭受委屈的社会，许多人背负着这种委屈心结，选择待在那个让自己沦为受害者的位置。

张燃在一家杂志广告公司做文案策划，总经理要求她整理一份广告文案材料，说是下次开策划会议时用，很着急。张燃不敢怠慢，愣是在公司加了两天班，啃了两顿方便面做出了一份详尽的文案。完成后她第一时间把文件放到了总经理的桌上，正在打电话的总经理点头示意把文件收下了。

没想到过了两天，总经理怒气冲冲地找到张燃，语气很重地问她为什么还没准备好材料？这么没有工作效率，耽误了开会怎么办？

张燃当时觉得这顿劈头盖脸的指责挨得太冤了，于是当着其他员工的面和总经理争辩起来："我真的把文案放您桌上了，您还点头了呢！"

"对不起，我从未见过你的文件。它不在我这儿，你怎么证明你给我了呢？我每天应付客户那么忙，你让我来管文件这种琐事吗？"总经理十分强势地把张燃压了回去。

想到自己付出的辛苦白费了，张燃顿时抽泣起来。她感觉自己

很委屈，很受伤，愤懑、不满，因此一整天都无法安心工作。而总经理皱着眉头将张燃辞退了，理由是张燃这样的表现太不职业，太不成熟。

对于职场人士来说，受点儿委屈在所难免，尤其是来自上司的，委屈再不好受也要受。可以说，张燃是一个典型的涉世未深的女孩，她不能承受老板的冤枉，为了争口气与老板硬对硬，还哭闹一场，结果惨遭辞退。由此可见，不能承受委屈，意气用事，只会导致自己的委屈更大。

当然，在这里我们也不是提倡张燃要默默承受委屈，逆商不是让人委曲求全，更不是让人逆来顺受，而是要学会在不好的境遇中崛起。

在职场上无论谁对谁错，都不要指望能得到别人的理解，也不要指望上级来“安抚人心”。此时不如学会化委屈为动力，迂回委婉地处理问题，因为还有比委屈更为重要的事，如自身的生存和发展。

试想，如果张燃当初不为自己辩驳，而是平静地说：“那好吧，我回去找找那份文件。”然后把电脑中的文件重新调出再次打印，再把文件交给总经理，那么总经理很可能看也不看地就签收文件，因为他更清楚文件原稿的去向。即使总经理真的忘记了文件的去向，也会满意于张燃的良好态度。

遭受委屈的时候，我们该如何做呢？无须哭闹，只需用实力反击！

有一个年轻人终日郁郁寡欢，生闷气，为什么呢？他认为自己对工作兢兢业业，但却始终得不到上司的赏识，嫌上司不理解自己。他满腹怨言，对工作也是敷衍了事。一天，他去拜访恩师，并向其道出了自己的烦恼。

恩师听后什么也没有说，领着这个年轻人来到海边。只见恩师弯腰拣起一块鹅卵石，抛了出去，扔到了一堆鹅卵石里，并问道："你能把我刚才扔出去的鹅卵石捡回来吗？"

"不能啊，"年轻人很快地回答，"它们都一样，能分得清吗？"

"那如果我扔下一颗珍珠呢？"恩师再问，并别有深意地望着年轻人。

年轻人顿时恍然大悟。

如果你只是一块平常无奇的鹅卵石，就没有生气和抱怨的权利，因为你自身还没有被注意的闪光点。唯有争气，凭借实力迅速脱颖而出，才是明智的做法。不断提升自身的实力，使自己成为一颗耀眼的珍珠，那时的你还有什么可气的？

我们再来看一个例子：

许瑾是一家药品生产公司的文秘，她的老板如《穿Prada的女王》里面的女魔头米兰达·普瑞斯特一样严肃，只要公司一出现什么问题，她就会阴沉着脸斥责许瑾，哪怕有时不是许瑾的责任，而且话说得不留任何余地……

每当这时，许瑾就会觉得非常委屈，为什么老板从来不站在自己的角度思考问题呢？每次她都会有一种辞职的冲动，但转念一想：选择现在离开，只能证明自己的失败，所以不如暂且压压火气，努力证明自己的实力，并且成为公司独当一面的人物。

许瑾积极调整自己的情绪，开始认真对待工作。一年之内，她办公室抽屉里锁着五六份辞职信——都是写了没交的。最终，凭着自己的优秀表现，许瑾官至办公室主任的职位，公司离不开她，她也离不开公司了。

事实上，对委屈的承受，可以让一个人的胸襟更开阔，意志更顽强。那些事业有成者，在他们辉煌的背后，其实也有过委屈。他们有着超乎常人的承受力，无论别人怎么委屈他们，他们都不会放任自己的言行，而是会思考问题出在哪里，自己下一步该怎么做。化委屈为动力，最终用实力反击。

从现在开始，着手改变吧！

05.要想不挨揍，就得拼命向前跑

俗话说：“刀不磨要生锈，人不学要落后。”如果我们做事不努力，只想着借助外力，那么最终只会一事无成。什么都不做，即使守着金山，也会有坐吃山空的一天。

“学如逆水行舟，不进则退。”这句话，不仅适用于学习方面，在工作、生活方面同样适用。不努力学习的人，会被苦学者抛下；消极怠工的人，会被勤劳者抛下；消极生活的人，会被命运抛下。所以，我们不能停止前进的脚步。

如果告诉你，这世界上最古老的物种是鲨鱼，你相信吗？据说，它的存在已经超过了四亿年，是比恐龙还要久远的物种。然而世事变迁，许许多多的物种都泯灭在了历史的长河里，唯独鲨鱼依然完好无损地生活在海洋中，甚至还成为大海里的霸主。那么，令鲨鱼制胜的法宝是什么呢？其实，鲨鱼并没有拥有什么厉害的武器，正相反，它比其他鱼类少了一个至关重要的东西——鱼鳔。

相传，神在造万物的时候，赋予鱼以流线型的身体，让它们在游动的时候可以减小阻力；同时还给它们短而有力的鳍，让它们可以自由游动。但当神把鱼放进海里后，上帝突然想到一个问题，鱼的身体比重是大于水的，一旦停下来就会沉到海底，那么水压就会把它压死。为了解决这个问题，上帝又赋予鱼一个法宝，这就是鱼鳔。鱼鳔可以说是一个随意控制的气囊，鱼儿们可以通过调节气囊来掌控身体的沉浮。这样，鱼在海里就轻松多了，不但可以自己掌握沉浮，还可以在累的时候停在某处休息。于是，所有的鱼都被装上了鱼鳔，唯独少了鲨鱼。原来，鲨鱼天性顽劣，一入大海就消失得无影无踪，神呼唤了很长时间也没有找到它。没有办法，神只好先把这件事放一放，结果这事一放就是几亿年。

几亿年后，神终于想起了那个顽皮的“孩子”，但转念一想，没有鱼鳔，那孩子估计是不能在海里长久地生存下去的。神将海里的鱼都招唤过来时，已经分不清它们的面貌，经过几亿年的变化，所有的鱼都变了模样。看着各式各样的鱼，神发了愁，哪个才是鲨鱼呢？唉！或许鲨鱼早已经不存在了吧。神问道：“谁是鲨鱼？”他本来没有奢望能得到回答，但没想到一群威猛强壮、斗志昂扬的鱼冲上前来。这让神感到很惊讶，就问鲨鱼：“没有鱼鳔，你们是怎么生存下来的？”

鲨鱼解释道：“没有鱼鳔，我们时刻面临着压力。所以为了活命，我们不能有丝毫松懈，一旦停止游动，就有可能沉入海底。因此，亿万年来，我们从不曾停止游动，游动与抗争成了我们的生存方式。而这，练就了我们强壮的体魄，我们就是海中霸王。”

任何事物的“强大”都不是与生俱来的，就如鲨鱼，如果它们有丝毫的懈怠和懒惰，就会被海水吞噬；而永不停歇，积极进取，则让他们成为海洋中的霸主。

其实，人类也是如此。人类只不过在地球上生活了区区万年就成了“万物之灵”，靠的就是积极进取的勇气。人类跟其他生物相比，力量不够大，速度不够快，牙齿不够锋利，但是人类有一样东西与鲨鱼相同，那就是永不停歇的进取精神。这让他们不断发明创造，勤奋努力，奋发拼搏，最后逐渐强大到统治世界。

困境当前，你是如何看待的？抱怨上天的不公，还是咒骂眼前的遭遇？事实证明，这些没有任何意义，并不能改变你所面临的境遇。与其如此，你不如拼命学习，拼命更新，保证自己的脚步始终跟得上时代的进步。为了不屈居人后，为了将来的成功，我们必须不停地努力，奋勇前进。

祖逖小时候不爱读书，不知道进步为何物。后来逐渐长大了，他才意识到自己知识的贫乏，觉得如果人不知道读书进步，就将一事无成。于是，他开始广泛阅读书籍，认真学习历史，学问大有长进。后来，他曾几次进出京都洛阳，接触过他的人都称赞他是一个能辅佐帝王、治理国家的人才。但祖逖并没有因此骄傲和懈怠，他知道一个道理，停止就是一种退步，因此依然坚持读书。

那时，祖逖和幼时的好友刘琨一同担任司州主簿。二人感情交好，不但同眠而睡，还有着共同的理想，他们都希望自己有一天能建功立业，报效朝廷。

一次，祖逖在睡梦中被公鸡的鸣叫声惊醒，便叫醒刘琨，对他说：“有人说半夜鸡叫不吉利，我却不这样认为，咱们以后听见鸡叫就起床练剑如何？”刘琨欣然同意。

于是，他们每天在鸡叫后就起床练剑，春去冬来，寒来暑往，从不间断。功夫不负有心人，经过长期的刻苦学习，他们终于成为能文能武的全才，既能写得一手好文章，又能带兵打胜仗。两个人的愿望也得以实现，祖逖被封为镇西将军，建功立业；刘琨做了都督，兼管并、冀、幽三州军事。

现代社会的节奏越来越快，稍不留神就会落在别人的后面。我们应当何去何从呢？若想不被别人抛在后面，若想走在最前列，就不能停下自己的脚步，就要争做“领头羊”，战胜自己的惰性，不停地学习、学习、再学习，不断地完善自己。当你能让别人跟着你的脚步走时，你才算赢了一步。

是的，面对时刻改变的环境，想要成功，仅仅凭借先天条件是不可能的，毕竟命运一开始给予我们的东西并不多。为了达到目的，我们必须自主地付出努力，这需要坚强的意志，需要逆商的支撑。如果你对未来有着足够的憧憬，那么相信自己，你一定能够超越那些领先的人，看着成功降临。

06.怕什么路途遥远，进一步有一步的欢喜

人生如登山一般，必须抓牢身边的那块石头，再借此一步一步往上爬。这样，我们就可以在遇到行不通的路程时退回来，重新寻找更合适的位置，抓牢着力点再继续前进。

看着远处的山峰是必须的，但我们也要确保那是可以到达的地方，在那之前，我们更应该着眼于最近的目标。远处的风景是梦想，近处的风景是理想，相比于那些虚无缥缈的东西，抓住眼前的一切才是我们力所能及的事。这不仅是一种简单有效的选择，更可以让我们的付出体现出价值。

克林斯曼是德国足球队的主力前锋，他一直是深受广大观众喜欢的球星之一，被称为“金色轰炸机”。当记者采访他是如何能够保持良好的状态并取得成功时，他很感慨地说：“我不是天赋异禀的球员，论天赋，我不如马拉多纳；论身体素质，我不如贝利。不过这些都不重要，因为我有一颗上进的心。每次比赛后，我总会问自己还能踢得更好些吗？或是哪些地方是我的不足之处？……”

要想成功，唯一的办法就是以立足当下，踏踏实实地走好脚下的每一步，不害怕困难和挫折，一步步缩短梦想与现实之间的距离，那么最终梦想才能够成为现实。梦想很美，你可以无尽地想象，但你要活在现实当中，为明天做出应有的努力，如此才不会辜负自己的梦想。

洛杉矶湖人队负责人以年薪120万美金聘请了一位教练，他希望教练能够通过高明的训练方法帮助队员们提升战绩。但是，教练来到球队之后，却没有什么独特的训练方法，而是对12个球员这样说道："我的训练方法和上任教练一样，没什么特别，不过我有一个还算特别的要求，就是每天在各个方面进步一点儿，每天罚篮进步一点儿，篮板进步一点儿，远投进步一点儿，传球进步一点儿，抢断进步一点儿，每个方面都能进步一点儿。"

天啊！这是什么训练方法，负责人在心里偷偷捏了一把汗。不过，很快他就改变了自己的态度，他不得不佩服起教练来。因为在新季度的比赛中，湖人队大败其他球队，勇夺NBA总冠军。对于自己的"战果"，教练总结说："因为12个球员每一天在5个技术环节中分别进步1%，所以一个球员进步5%，而全队进步了60%。这些天来，他们每天坚持进步一点儿，可想而知他们的进步有多大……"

没有漫长的量的积累，怎么可能有质的飞跃？每个人都渴望成就不凡的事业，但命运不会平白无故给你这些，还需要你自己去争取。若是空有雄心壮志，那么最终你只能看着遥远的梦想哀叹了。

那些高逆商的人明白，不断进步的过程就是一个不断提高自我、不断完善自己的过程。所以，他们会坚持今天进步一点点，明天也进步一点点，不断地求取进步，始终如一地付出努力。在这一步一步前进的过程中，保持着对待事情的耐心与执着，成功的路就会走得稳健而坚固，变得宽广起来。

胡梅身材瘦小，貌不惊人，而且只有大专文化水平，却有幸在一家较有名气的外资企业任职文员。刚进公司的那段日子是最难熬的，老板只把胡梅当成一个只会干杂事的小职员，不停地派一些零七八碎的事情让她做，而且从来没有表扬过她。胡梅自知自己学历低、经验少，但她不允许自己的人生这样“惨淡”，于是除了把工作做得周到细致外，她不断地学习，只要有空就认真翻阅琢磨自己所能见到的各种文件。她坚定地相信：只要我每天多学习一项业务，我就是好样的，有一点儿进步就是胜利。

胡梅就这样不断地激励自己，一年后她对公司的业务可以说是了如指掌，她的自信心也强大起来了，这为她进入通畅的良性工作循环状态做了坚实的准备。

胡梅的自信和专业让老板刮目相看，不久就提拔她做了秘书，负责公司的日常事务。秘书工作需要协调各组的资源，帮助老板处理很多问题，还有很多事情要学，这一切都是她之前没有接触过的，怎么办呢？于是，胡梅又报考了职业培训班，风雨不误。她每天都会鼓励自己：今天我又学到了新知识，我是好样的，我会越来越棒的，我也相信我的职场之路会越走越好的。

没有人能够一步登天，只能一点点地向前。即便梦想的路很遥远，即便现在的你很平凡，但只要你沉下心来一点点地做事，哪怕是1%的进步也要肯定自己。不断地积累，不断地进步，你总能让自己在一步步的前进中变得强大，在一点点的强大中变得笃定，使最后的能量闪耀出惊人的光彩。

07.只要朝着阳光走，黑暗就被甩在身后

希望和绝望之间只有一步之差，有时，甚至只是方向的问题。就像沐浴在阳光中的你，背对着阳光，你就只能看到阴影；面向阳光，你就会看到希望。

身处沙漠之中捡到半瓶水，低逆商的人感叹只有半瓶水而郁郁寡欢，高逆商的人却为仅有的半瓶水而欢呼雀跃；漫漫无边的黑夜里，低逆商的人看到的是难耐的恐惧，高逆商的人却看到了明天即将升起的太阳……一样的处境，不一样的心境；一样的际遇，不一样的人生，这就是逆商的力量所在。

苏格拉底年轻的时候，与几个朋友租住在一间小屋子里，尽管屋子的面积只有七八平米，连转个身都困难，可苏格拉底并不发愁，一天到晚都是乐呵呵的。

有人问他："你为什么每天都那么高兴？"

苏格拉底说："我为什么不高兴呢？和朋友们在一起，随时都可以交流思想，增进感情。这难道不是一件幸福的事吗？"

后来，他的朋友们陆陆续续都结婚了，先后搬离了小屋子，只剩下了苏格拉底一个人。没有朋友陪伴的他，依然每天笑呵呵的。

那人问他："朋友们都走了，你不觉得孤单吗？"

苏格拉底笑着说："没有朋友还有书啊，每天与它们相伴，每时每刻我都能够充实思想。有这么多的'老师'，我怎么会不高兴呢？"

再后来，苏格拉底也结婚了，他离开了小屋，搬到了一栋七层的高楼里。可是，他家住在最底层，经常会有人从楼上倒脏水下来，一些老鼠、臭袜子、破烂衣物等垃圾也时常出现在他家门口。但是，在如此杂乱喧闹的环境里生活，苏格拉底不生气，不着急，和过去没什么两样。

那人又问："你不嫌这里脏、乱、吵吗？"

苏格拉底说："你看，一楼多好呀！进门就是家，不用爬楼梯。朋友们来玩，一下子就可以找到，而且搬东西也很方便。外面还有一块空地，种上一点花花草草，不是很好吗？"

又过了一段时间，苏格拉底的一位朋友找到他，他的家里有一位偏瘫老人，上下楼不方便，想借住苏格拉底的家。苏格拉底很痛快地把一楼的房子让给了朋友，自己搬到了顶楼。

那人问道："现在，你说说住在顶楼有什么好处呢？"

苏格拉底说："每天上楼下楼可以锻炼身体，多么好的锻炼方式啊！顶楼的光线也很好，有利于看书写字，最好的是没有人在头顶干扰，无论白天黑夜都很安静。"

最后，那人疑惑地看着他，说："你为什么走到哪里心情都这么好？"

苏格拉底笑着说："决定一个人心情的不是环境，而是心境。"

幸运的人为什么会一直幸运，倒霉的人为什么总觉得倒霉？苏格拉底无疑给出了最好的答案：决定一个人心情的不是环境，而是心境。

高逆商的人深知，顺境逆境都是人生，心境决定处境。所以，他们会像向日葵一样，眼睛永远追着阳光。这样一来，无论身处何方，他们都能为自己找到方向，为未来找到希望。身处贫困之境时，“一箪食，一瓢饮，在陋巷，人不堪其忧，回也不改其乐”；身处喧嚣之市，“心远地自偏”；身处浑浊之境，“出淤泥而不染，濯清涟而不妖”。

一个年轻人听说远方有一处景色异常迷人，所以不远万里地去了那里。刚刚落脚，便碰到了当地的一位老者。年轻人问老者：“这里的景色如何？”老者没有直接回答他的问题，而是反问道：“你家乡的景色如何？”年轻人回答说：“一点儿都不好。我讨厌那里。”老者说：“那你赶紧离开吧！这里和你的家乡一样糟糕。”

后来，又有一位年轻人来到这里，问了同样的问题。老者依然反问年轻人，年轻人回答说：“我的家乡很美，有我思念的家人，还有我儿时的玩伴，那里的山山水水、一草一木都让我怀念……”老人说：“这里和你的家乡一样美。”

旁人对于老人前后不一的回答感到莫名其妙，便问及原因。老者说：“一个人在寻找什么，就能够找到什么！”

你总是在追求美好时，你的双眼看到的都是美好；你总是在寻找黑暗时，那么黑暗就会一直包围着你。纷繁的世界里，难有完美的人，难找完美的环境。谁的人生都会有黑夜与黎明，都会有起伏跌宕。如果我们能在心中保留一片绿洲，那么即便身在干枯、一望无际的沙漠，也一样能够看到绝佳的风景。

同样是活着，为什么不活得快乐一点儿呢？同样是要走下去的路，为什么不笑着走呢？收起脸上的愁云，朝着阳光走去，黑暗就被甩在身后，你就会成为与幸运相伴一生的人。